MARINA

Matemàtiques
Llibre de coneixements

EDUCACIÓ PRIMÀRIA

5è

Continguts:
Mercè Barris Morera
Elisabet Franquesa Roca
Marta Presegué Baucells

Programa Connexions

BARCANOVA INNOVA

Aquest projecte editorial de l'àmbit matemàtic ha estat elaborat d'acord amb les dimensions competencials i els continguts descrits en el decret d'ordenació curricular publicat pel Departament d'Ensenyament de la Generalitat de Catalunya l'any 2015; aquest decret es fonamenta en la Llei d'educació de Catalunya i en les directrius de la Unió Europea, i respon al marc normatiu i a la legalitat vigent.

Equip editorial:

Cap del projecte editorial: Montse Ballaró
Coordinació editorial: Montse Ciprés
Edició: Mauro Giani, Feliu Roset, Mario Suárez
Correcció: Immaculada Riera
Documentalista: Cristina Boj

Coordinació artística i disseny d'interiors: Laura R. Dengra
Adaptació del disseny d'interiors: Montse Lombarte
Disseny i art de la coberta: BulletDesign.es
Coordinació tècnica: Mercedes Fernández Bravo
Maquetació: Moelmo, SCP

Coordinació tècnica digital: Montse Cascales
Edició digital: Glòria Jodar
Programació digital: La Factoria Interactiva

Fotografia de la coberta: Tucutun Fotografia (Gemma Pla)
Il·lustracions: Muntsa González
Fotografies: 123RF, ACI, AGE-Fotostock, Depositphotos, Gtres, Getty Images, Imatges de Shutterstock.com, Latinstock, F. Roset, Thinkstock, Ll. Valcarcel, P. Cosano / Arxiu Anaya, Arxiu Barcanova

Rosa Sensat, 9-11, 4a planta. 08005 Barcelona
Telèfon 932 172 054
barcanova@barcanova.cat
www.barcanova.cat

Primera edició: març de 2018
Tercera impressió: maig de 2020
ISBN: 978-84-489-4458-2
DL B. 7108-2018
Printed in Spain

PAPER DE FIBRA CERTIFICAT

Índex

UNITAT 1

Mesurem el temps 8
Mesurem el temps 10
El temps meteorològic.
La temperatura 10
El temps històric. El calendari 11
El rellotge: hores, minuts i segons 13
Els nombres romans 14
Nombres de fins a nou xifres 15
Multipliquem 16
Dividim 17
Operacions combinades 18
Estratègies de càlcul 19
Problemes 20
Curiositats matemàtiques 21
El repte 22
He après... 23

UNITAT 2

És més o menys probable? 24
Probabilitat 26
Fracció d'un nombre 28
Atzar 31
Fraccions equivalents 32
El percentatge 34
Estratègies de càlcul 35
Problemes 36
Curiositats matemàtiques 37
El repte 38
He après... 39

UNITAT 3

Vivim entre línies 40
Rectes 42
Recta, semirecta i segment 42
Taller d'espai i forma
Rectes paral·leles i secants 43
Els angles 46
La bisectriu 47
Taller d'espai i forma
Mesurem angles 48
Dibuixem angles 49
Dibuixem la bisectriu 49
Girs 50
Simetria 50
Estratègies de càlcul 51
Problemes 52
Curiositats matemàtiques 53
El repte 54
He après... 55
Treball cooperatiu
Les matemàtiques arreu del món 56

UNITAT 4

Mesurem a ull o amb precisió 58
Nombres més petit que la unitat 60
Els nombres decimals 61
Dècimes, centèsimes i mil·lèsimes 62
Comparem i ordenem nombres decimals 63
Suma i resta de nombres decimals 64
Arrodonim nombres decimals 65
Taller de mesura
Unitats de mesura 66
Relacions entre unitat de mesura 67
Estratègies de càlcul 69
Problemes 70
Curiositats matemàtiques 71
El repte 72
He après... 73

UNITAT 5

Les formes en el món 74
Polígons 76
Tipus de polígons: triangles 77
Tipus de polígons: quadrilàters 78
Taller d'espai i forma
Construïm polígons amb triangles 80
Sumem els angles dels polígons 81
Dibuixem polígons 82
Composicions geomètriques. Mosaics 83
Transformacions geomètriques. Tangrams 84
Estratègies de càlcul 85
Problemes 86
Curiositats matemàtiques 87
El repte 88
He après... 89

UNITAT 6

El lloc que ocupem 90

Les escales dels plànols i dels mapes 92
Àrea i perímetre 94
Mosaics 96
Els quadrats 97
Els rectangles 98
Els triangles 99
Altres polígons 99
La multiplicació d'un nombre enter per un nombre decimal 100

Estratègies de càlcul 101

Problemes 102

Curiositats matemàtiques 103

El repte 104

He après... 105

Treball cooperatiu
L'exposició matemàtica 106

UNITAT 7

Tres dimensions (3D) 108

Una classificació dels poliedres 110
Cares, arestes i vèrtexs 111
Cossos platònics 112

Taller d'espai i forma
Construïm cossos geomètrics amb arestes i vèrtexs 114
Construïm poliedres 115

Diferents vistes d'un mateix objecte 117

Estratègies de càlcul 119

Problemes 120

Curiositats geomètriques 121

El repte 122

He après... 123

UNITAT 8

Els percentatges 124

Percentatges 126
Percentatge d'un nombre 127
Representació de percentatges en gràfics de sectors 129
Descomptes 130
Feu descomptes de manera ràpida 132
Els nombres mixtos 133

Taller d'espai i forma 134

Estratègies de càlcul 135

Problemes 136

Curiositats matemàtiques 137

El repte 138

He après... 139

UNITAT 9

Interpretem les dades 140

La mitjana 142
La moda 144
La interpretació de dades 146
La calculadora 148
Interpretem els resultats 150

Estratègies de càlcul 151

Problemes 152

Curiositats matemàtiques 153

El repte 154

He après... 155

Treball cooperatiu
Des d'on mirem l'escola? 156

Continguts de l'àrea 158

Com és el llibre?

El programa de **Matemàtiques de 5è de Primària** està format per un Llibre de coneixements i un Dossier d'aprenentatge.

El **Llibre de coneixements** inclou tot el contingut curricular de l'àrea i està estructurat en 9 unitats didàctiques en què es treballen de manera competencial els diferents continguts.

En el llibre treballem per dimensions.

Dimensió resolució de problemes, Dimensió raonament i prova, Dimensió connexions i Dimensió comunicació i representació.

Icona que remet al material manipulable d'aula.

Icona que remet al treball amb calculadora.

Proposem activitats perquè s'avaluïn per dimensions.

Què farem? Continguts que es treballaran al llarg de la unitat didàctica.

Doble pàgina inicial que serveix per situar l'alumne en el tema que es tractarà, a partir de les imatges.

En tot el llibre treballem per **dimensions**.

Aquesta icona remet al web ***www.barcanova.cat***, on hi ha les activitats digitals per treballar a l'aula amb la pissarra digital interactiva (PDI). Els docents poden accedir a aquests recursos donant-se d'alta a l'espai personal i sol·licitant l'accés al llibre.

Aquesta icona remet a la pàgina del **Dossier d'aprenentatge** on hi ha les activitats corresponents.

Aquesta icona indica que hi ha **material manipulable d'aula.**

Proposta d'**activitat digital** per treballar amb la PDI.

Taller d'espai i forma. Pràctica de construcció de figures i elements geomètrics.

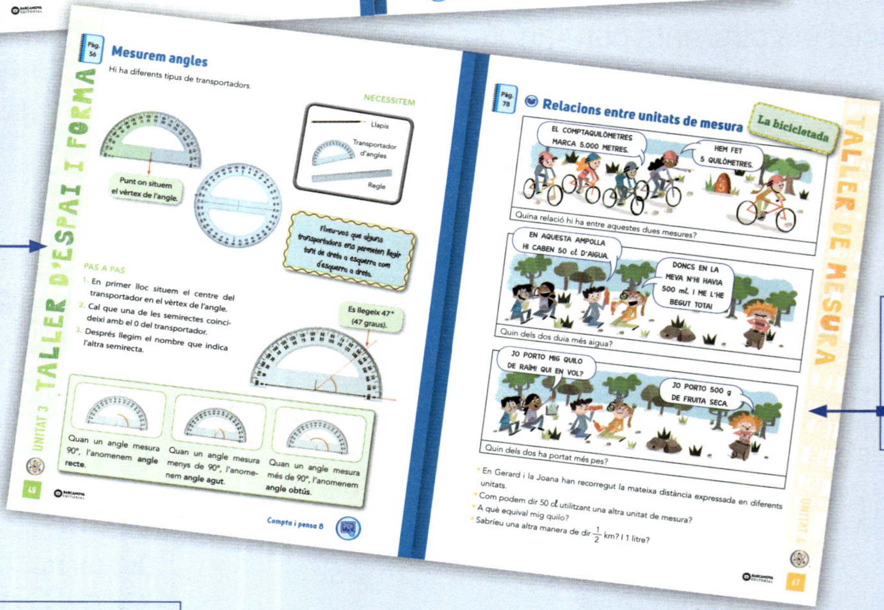

Taller de mesura. Pràctica de les diferents unitats de mesura.

Apartats que faciliten una millor ordenació dels continguts.

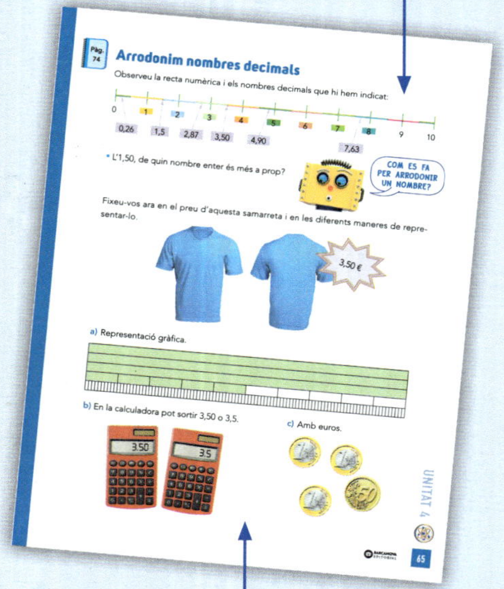

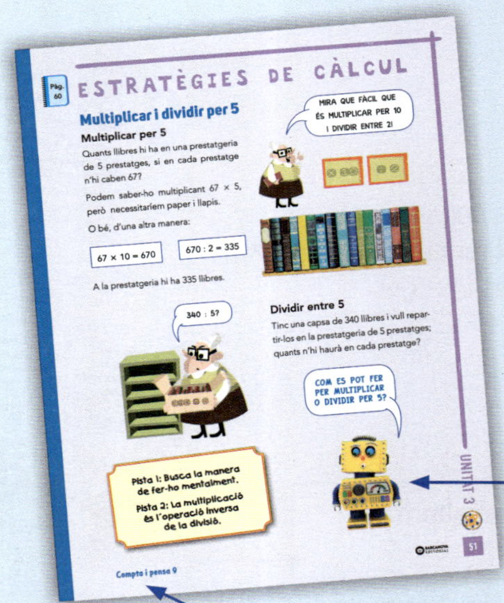

Robot. Personatge que es fa preguntes que l'alumne haurà de respondre en el Dossier.

Compta i pensa. Apartat que remet al treball complementari de càlcul mental que trobareu en l'espai personal del web *www.barcanova.cat*.

Activitats exemplificades i informacions per ajudar a la comprensió dels continguts.

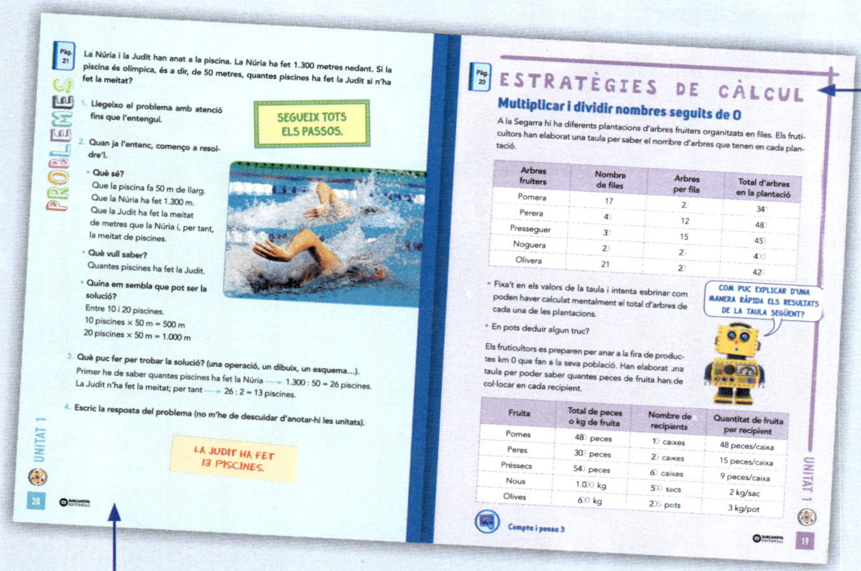

Estratègies de càlcul. Estratègies per assolir un càlcul fluid i ràpid.

Aquesta icona indica que és una activitat per **avaluar per dimensions**.

El repte. Activitat per treballar col·lectivament a l'aula en què s'apliquen els coneixements assolits per l'alumne.

Problemes. Proposta de diferents tipologies de problemes.

Curiositats matemàtiques. Regularitats matemàtiques, resultats, imatges sorprenents...

Aquesta icona indica que és una activitat per resoldre amb la **calculadora**.

He après... Resum dels coneixements que l'alumne ha treballat en la unitat.

Treball cooperatiu. Al final de cada trimestre, es planteja una activitat grupal en què l'equip ha de resoldre una sèrie pautada d'activitats.

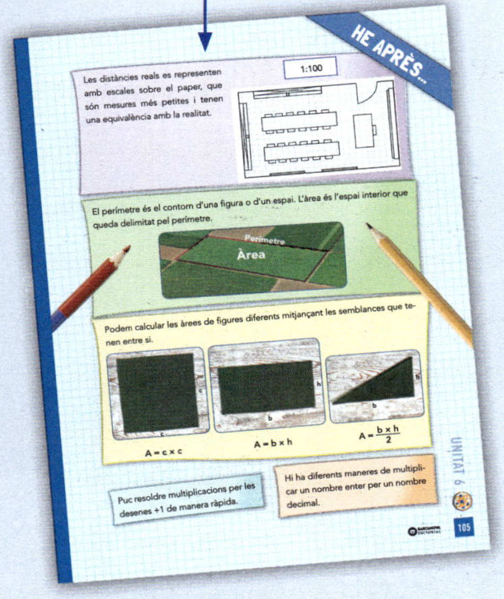

1 Mesurem el temps

Què farem?

- El temps meteorològic i el temps històric.
- Unitats de mesura del temps: hores, minuts i segons.
- Nombres romans.
- Nombres de fins a nou xifres.
- Multiplicar i dividir.
- Operacions combinades. Ús dels parèntesis.
- Estratègies de càlcul: multiplicar i dividir nombres seguits de 0.

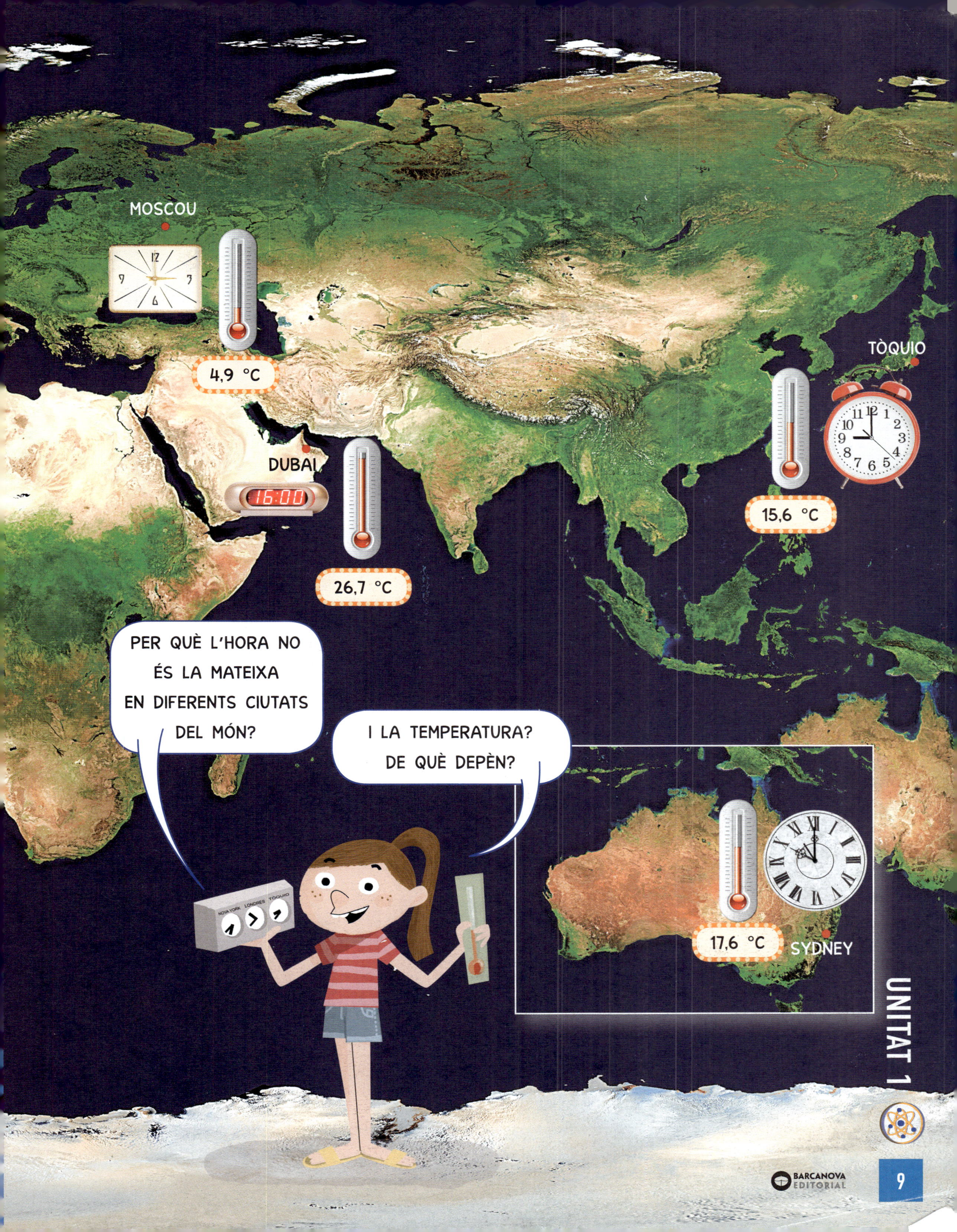

BARCANOVA EDITORIAL

Pàg. 8

Mesurem el temps

El temps meteorològic. La temperatura

El temps meteorològic fa referència a fenòmens atmosfèrics, com ara la temperatura, el vent, la pluja, la humitat de l'aire...

- Fixeu-vos bé en el gràfic.
  - Què es registra en aquest gràfic?
  - Sabríeu explicar la informació que ens proporciona?

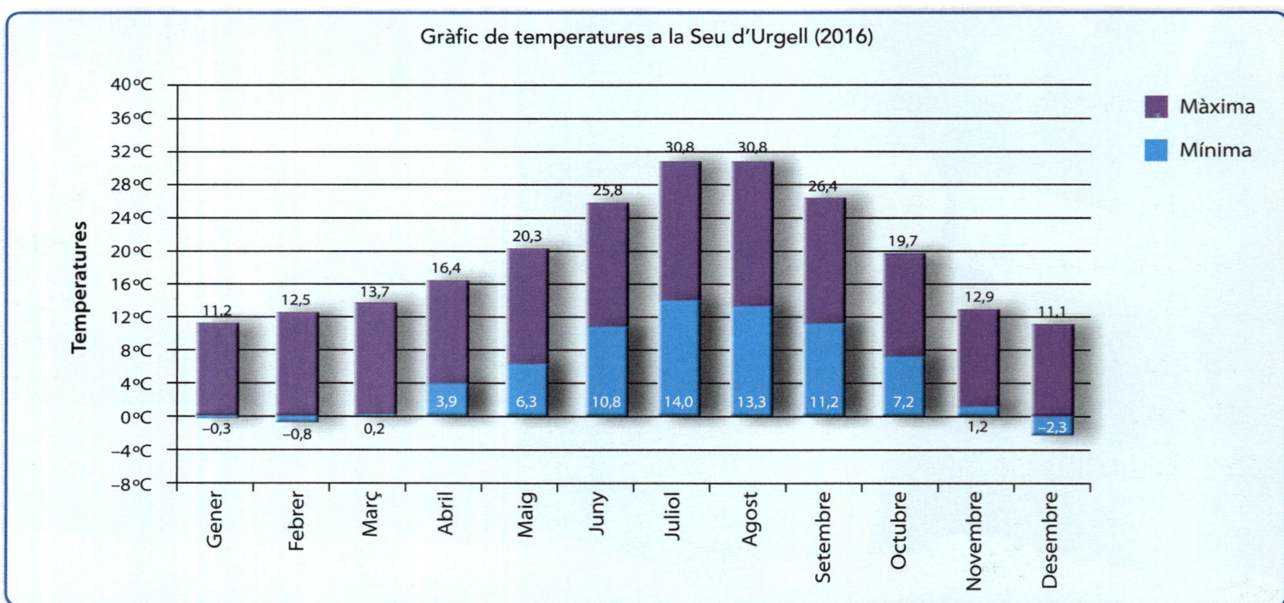

Font: Institut d'Estadística de Catalunya.

BARCANOVA EDITORIAL

Pàg. 9

El temps històric. El calendari

UNITAT 1

1r pas: Buscar el dia 12 en *Dies i sumes* (columna 5).
2n pas: Buscar el número del mes (mes 11) en *Mesos* (columna 7).
3r pas: Buscar les centenes que té l'any que vas néixer en *Centenes* (20 centenes) (columna 2).
4t pas: Buscar el nombre d'unitats de l'any que vas néixer en *Anys* (07 unitats) (columna 2).
Si és un any de traspàs, has de mirar els que porten asterisc.
5è pas: Sumar els nombres de les columnes dels passos anteriors → 5 + 7 + 2 + 2 = 16.
Si busques el nombre en la fila de *Dies i sumes* sabràs quin dia de la setmana era → dilluns.

	1 *diumenge*	2 *dilluns*	3 *dimarts*	4 *dimecres*	5 *dijous*	6 *divendres*	7 *dissabte*
Dies i sumes	1	2	3	4	5	6	7
	8	9	10	11	**12**	13	14
	15	**16**	17	18	19	20	21
	22	23	24	25	26	27	28
	29	30	31				
Mesos	VI	IX	IV	I	V	VIII	II
	–	XII	VII	X	–	–	III
	–	–	I*	–	–	II*	**XI**
Centenes	6	5	4	3	2	1	0
	13	12	11	10	9	8	7
	–	16	15	–	–	15	14
	–	**20**	19	–	18	–	17
	–	24	23	–	22	–	21
Anys	00*	01	02	03	–	04*	05
	06	**07**	–	08*	09	10	11
	–	12*	13	14	15	–	16*
	17	18	19	–	20*	21	22
	23	–	24*	25	26	27	–
	28*	29	30	31	–	32*	33
	34	35	–	36*	37	38	39
	–	40*	41	42	43	–	44*
	45	46	47	–	48*	49	50
	51	–	52*	53	54	55	–
	56*	57	58	59	–	60*	61
	62	63	–	64*	65	66	67
	–	68*	69	70	71	–	72*
	73	74	75	–	76*	77	78
	79	–	80*	81	82	83	–
	84*	85	86	87	–	88*	89
	90	91	–	92*	93	94	95
	–	96*	97	98	99	–	–

Pàg. 10

El rellotge: hores, minuts i segons

La Carme té un rellotge nou. Marca les hores, els minuts i els segons. El seu pare li pregunta si sap quants segons ha viscut, aproximadament.

1 any = 365 dies
1 dia = 24 hores
1 hora = 60 minuts
1 minut = 60 segons

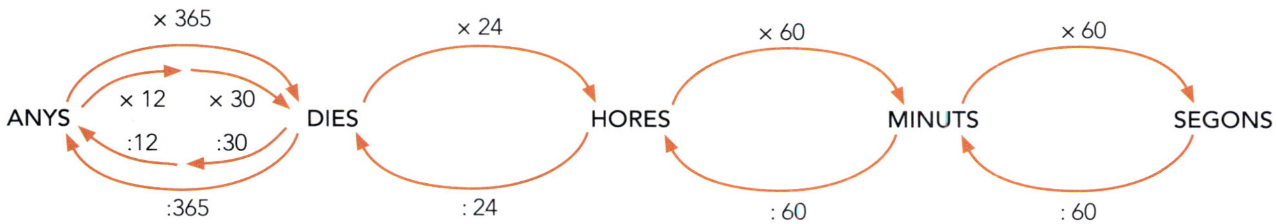

- I si el teu germà ha viscut 94.608.000 segons, quants anys té?

El temps es mesura amb el sistema sexagesimal. Busqueu les diferències entre aquest sistema de numeració i el sistema de numeració decimal.

- Hem quedat a les 16.45 h amb els amics per fer una excursió amb bicicleta; hem tardat 2 hores i 50 minuts. A quina hora hem tornat a casa?

	16 h	45 min
+	2 h	50 min
	18 h	95 min → (95 = 60 + 35)
+ 1 h		− 60 min
		35 min

19 h 35 min

- Quan he arribat a casa feia 5 hores i 45 minuts que havia dinat. A quina hora he dinat?

	19 h	35 min
−	5 h	45 min

+ 60 min

19 h − 1 h 35 min

(19 – 1 = 18) (60 + 35 = 95)

	18 h	95 min
−	5 h	45 min
	13 h	50 min

FIXEU-VOS QUE LES OPERACIONS D'HORES I MINUTS S'HAN DE FER PER SEPARAT!

PDI

Pàg. 14

Els nombres romans

Observeu de quins anys són aquests invents:

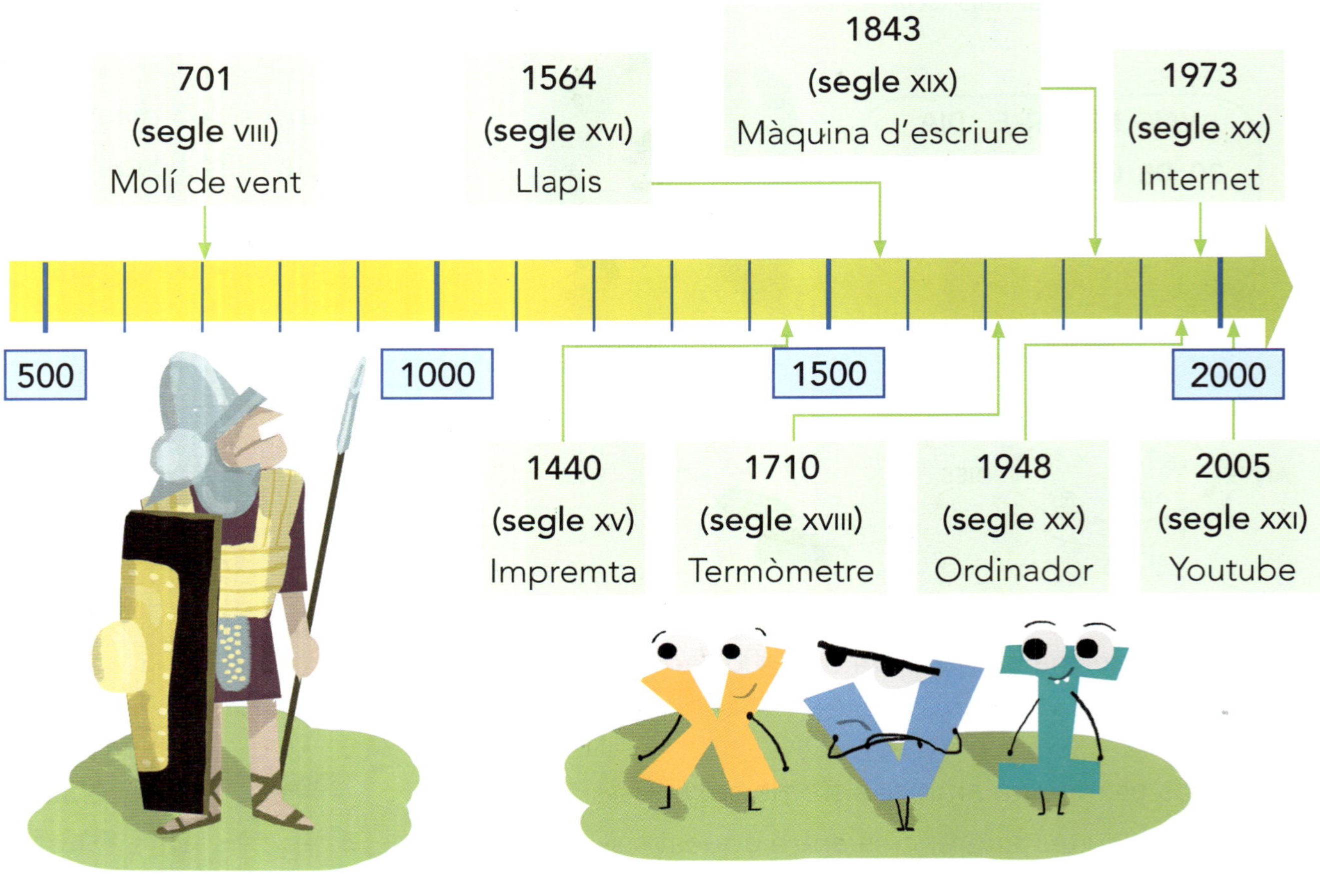

Un segle té 100 anys. Els segles es representen amb xifres romanes. Per saber a quin segle pertany un any determinat, hem de pensar en grups de 100 anys; cada grup és un segle.

També podem saber a quin segle correspon un any determinat si eliminem les dues últimes xifres de l'any i sumem un 1 al nombre que queda.

Any 8~~97~~ → 8 + 1 = 9 → segle IX

Any 17~~14~~ → 17 + 1 = 18 → segle XVIII

Atenció amb els anys acabats en 00:
1800 → últim any del segle XVIII.

Una dècada = 10 anys
Un segle = 100 anys
Un mil·lenni = 1.000 anys

Un segle, quantes dècades són? I en un mil·lenni, quantes dècades hi ha?

Nombres de fins a nou xifres

Observeu aquests gràfics.

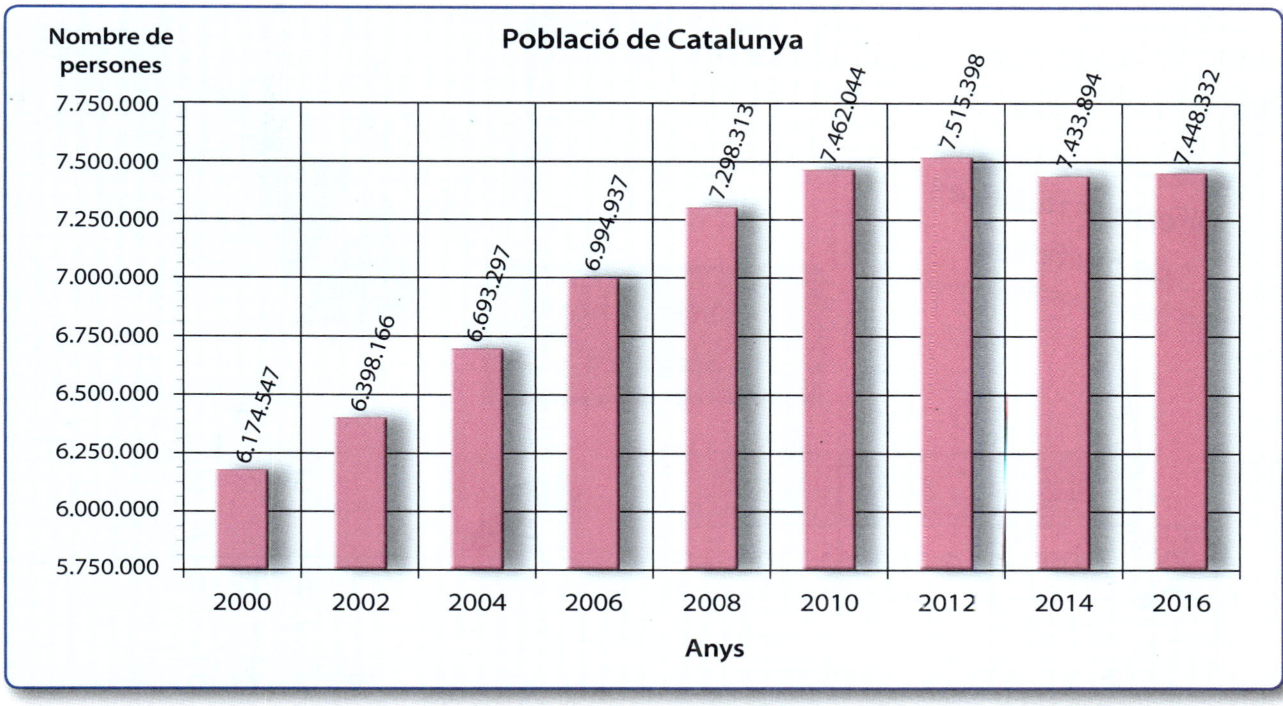

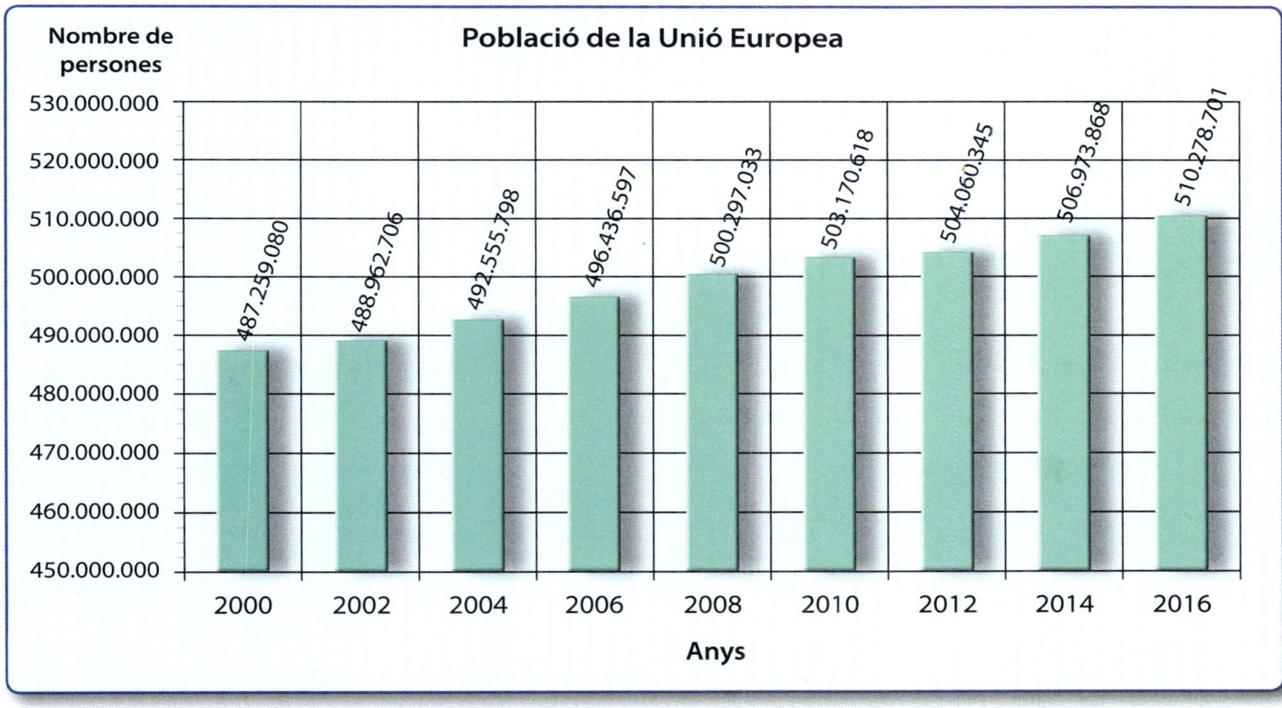

Font: Institut d'Estadística de Catalunya i Eurostat.

- Busqueu semblances i diferències entre els gràfics anteriors:

– Què ens explica cada gràfic?

– Quins valors hi surten?

– Quin tipus de gràfics són?

– La població de Catalunya de l'any 2016, quantes vegades cabria dins la població de la Unió Europea del mateix any?

Pàg. 17

Multipliquem

La Mariona vol saber quantes hores hi ha en un any. Per estar-ne ben segura ho ha comprovat de quatre maneres diferents.

Diferents maneres de multiplicar

1 dia té 24 hores
365 × 24

1

	300	60	5
20	6.000	1.200	100
4	1.200	240	20

7.200 + 1.440 + 120

8.760 hores

2

		3	6	5
×			2	4
	1	4	6	0
	7	3	0	
	8	**7**	**6**	**0**

3

24 = 20 + 4

365 × 20 = **7.300** → Fem el doble de 365, que és 730, i hi afegim el 0 de les desenes.

365 × 4 → 365 × 2 = 730
730 × 2 = **1.460** →

Fem el doble de 365 i, després, el doble de 730.

7.300 + 1.460 = **8.760** → Sumem els dos resultats.

4

		3	6	5	
×			2	4	
	6	0	0	0	(300 × 20)
	1	2	0	0	(300 × 4)
	1	2	0	0	(60 × 20)
		2	4	0	(60 × 4)
		1	0	0	(5 × 20)
			2	0	(5 × 4)
	8	**7**	**6**	**0**	

Quina manera de multiplicar us agrada més? Per què?

Pàg. 18

Dividim

Diferents maneres de dividir

Fixeu-vos en aquests problemes!

1. Cinc escaladors s'han de repartir 43 mosquetons. Quants els en tocaran a cada un?

43 : 5 = **8 r 3**

2. Un pagès ha de transportar 1.900 porcs d'una granja a una altra; si en cada camió hi caben 150 porcs, quants camions necessita?

1.900 : 150
1.900 = 1.500 + 400
1.500 : 150 = 10
400 : 150 = 2 r 100
12 r 100

1.900 : 150 = 12 r 100

3. Un paleta ha acabat les reformes i ha de repartir els guanys (735 euros) entre 4 treballadors. Quants diners els tocaran a cada un?

7 3 5	4	
− 4 0 0	1 0 0	4 × 100 = 400
3 3 5		
− 2 0 0	5 0	4 × 50 = 200
1 3 5		
− 1 0 0	2 5	4 × 25 = 100
3 5		
− 3 2	+ 8	
3	**1 8 3 r3**	

7 3 5	4
3 3	1 8 3
1 5	
3	

- Com contestaríeu les preguntes de cada un dels problemes tenint les operacions fetes?

Pàg. 19

Operacions combinades

QUANTS DINERS TENIM?

1. Som quatre amics i cada un de nosaltres té un bitllet de 5 € i 3 monedes d'1 €; quants diners tenim entre tots quatre?

$$(5 + 3) \times 4 = 8 \times 4 = 32$$

2. Som quatre amics que tenim 3 monedes d'1 € cada un i un de nosaltres troba un bitllet de 5 €; quants diners tindrem entre tots?

$$3 \times 4 + 5 = 12 + 5 = 17$$

3. La colla d'amics comprem un paquet de bolígrafs que val 3 € i 4 llibretes que valen 5 € cada una. Quants diners ens hem gastat?

$$3 + 4 \times 5 = 3 + 20 = 23$$

4. Els quatre amics hem anat a comprar i ens han tornat 1 moneda de 2 €, una moneda d'1 € i un bitllet de 5 €. Quants diners ens repartirem entre tots 4?

$$(2 + 1 + 5) : 4 = 8 : 4 = 2$$

QUÈ TENEN EN COMÚ LES OPERACIONS DE LES SITUACIONS ANTERIORS?

FIXEU-VOS EN EL PODI!

BARCANOVA EDITORIAL

Pàg. 20

ESTRATÈGIES DE CÀLCUL

Multiplicar i dividir nombres seguits de 0

A la Segarra hi ha diferents plantacions d'arbres fruiters organitzats en files. Els fruticultors han elaborat una taula per saber el nombre d'arbres que tenen en cada plantació.

Arbres fruiters	Nombre de files	Arbres per fila	Total d'arbres en la plantació
Pomera	17	20	340
Perera	40	12	480
Presseguer	30	15	450
Noguera	20	20	400
Olivera	21	20	420

- Fixa't en els valors de la taula i intenta esbrinar com poden haver calculat mentalment el total d'arbres de cada una de les plantacions.
- En pots deduir algun truc?

Els fruticultors es preparen per anar a la fira de productes km 0 que fan a la seva població. Han elaborat una taula per poder saber quantes peces de fruita han de col·locar en cada recipient.

Fruita	Total de peces o kg de fruita	Nombre de recipients	Quantitat de fruita per recipient
Pomes	480 peces	10 caixes	48 peces/caixa
Peres	300 peces	20 caixes	15 peces/caixa
Préssecs	540 peces	60 caixes	9 peces/caixa
Nous	1.000 kg	500 sacs	2 kg/sac
Olives	600 kg	200 pots	3 kg/pot

Pàg. 21

PROBLEMES

La Núria i la Judit han anat a la piscina. La Núria ha fet 1.300 metres nedant. Si la piscina és olímpica, és a dir, de 50 metres, quantes piscines ha fet la Judit si n'ha fet la meitat?

SEGUEIX TOTS ELS PASSOS.

1. **Llegeixo el problema amb atenció fins que l'entengui.**

2. **Quan ja l'entenc, començo a resoldre'l.**

- **Què sé?**
  Que la piscina fa 50 m de llarg.
  Que la Núria ha fet 1.300 m.
  Que la Judit ha fet la meitat de metres que la Núria i, per tant, la meitat de piscines.
- **Què vull saber?**
  Quantes piscines ha fet la Judit.
- **Quina em sembla que pot ser la solució?**
  Entre 10 i 20 piscines.
  10 piscines × 50 m = 500 m
  20 piscines × 50 m = 1.000 m

3. **Què puc fer per trobar la solució? (una operació, un dibuix, un esquema...).**
   Primer he de saber quantes piscines ha fet la Núria ⟶ 1.300 : 50 = 26 piscines.
   La Judit n'ha fet la meitat; per tant ⟶ 26 : 2 = 13 piscines.

4. **Escric la resposta del problema (no m'he de descuidar d'anotar-hi les unitats).**

LA JUDIT HA FET 13 PISCINES.

UNITAT 1

BARCANOVA EDITORIAL

Amb els nombres, de vegades succeeixen coses molt curioses...

- Pensa en una data, la que tu vulguis; per exemple, el **5 d'octubre de 2007**.
- Ara has d'escriure aquesta data com si fos un sol nombre; com que el mes d'octubre és el número 10, escriurem la data d'aquesta manera:

05102007

- Ordena les xifres d'aquest nombre de la més gran a la més petita → 75210000
- Ara ordena-les a l'inrevés, de la més petita a la més gran → 00001257
- Resta els dos nombres que et queden després d'haver ordenat les xifres (resta sempre el més petit del més gran):

75210000 – 00001257 = 75208743

- Suma les xifres del nombre que ha quedat com a resultat de la resta:

7 + 5 + 2 + 0 + 8 + 7 + 4 + 3 = 36

- Ara suma les xifres del nombre que ha quedat com a resultat de la suma:

3 + 6 = 9

El resultat és 9.
Per a qualsevol data que escullis,
el resultat serà SEMPRE 9!

COMPROVA-HO!
Utilitza el dia que vas néixer o el dia d'avui per comprovar que veritablement dona 9.

EL REPTE

Fem un mural gegant de la nostra comarca

Us proposem que, per parelles, feu una fitxa tècnica de la vostra comarca amb la informació següent:

a) Nom de la comarca i província a la qual pertany.

b) Nombre d'habitants de la capital i nombre total d'habitants de la comarca.

c) Nombre de municipis de la comarca.

d) Edifici o construcció important; any i segle de la construcció.

e) Productes típics de la terra.

Després d'haver fet la fitxa tècnica, contesteu aquestes preguntes:

- Quina diferència hi ha entre el nombre d'habitants de la capital i el nombre d'habitants de la comarca?
- Si hi hagués 10 comarques amb el mateix nombre d'habitants que la vostra, quina població total tindrien?
- Si el nombre d'habitants de la vostra comarca fos repartit equitativament entre cada un dels municipis que la formen, de quants habitants serien els municipis?
- Inventeu-vos dues situacions relacionades amb algun producte típic de la vostra comarca i el seu preu, de manera que, per trobar la solució hàgiu de resoldre diferents operacions combinades.

BARCANOVA EDITORIAL

HE APRÈS...

Parlem de diferents tipus de **temps**: meteorològic (fa referència a fenòmens atmosfèrics) o històric (el que mesurem amb el rellotge).

- La **temperatura** es mesura en °C.
- La humanitat ha inventat diversos **calendaris** per organitzar el temps.
- El rellotge mesura el temps en hores, minuts i segons.
- Organitzem el temps en anys, segles i mil·lennis.
  100 anys ⟶ 1 segle
  1.000 anys ⟶ 1 mil·lenni
- Els segles s'escriuen en xifres romanes.

- En algunes situacions apareixen nombres molt grans.

7.570.908

- Podem multiplicar de diferents maneres. ×

- Podem dividir de diferents maneres. Cal tenir present el **residu**. :

- La resolució d'**operacions combinades** s'ha de fer seguint un ordre determinat, amb l'ajut dels parèntesis.

- Podem resoldre mentalment multiplicacions i divisions amb nombres seguits de zeros.

2 És més o menys probable?

Què farem?

- Probabilitat.
- Fraccions.
- Percentatge: el 50 %
- Estratègies de càlcul: calcular meitats.

Pàg. 27

Probabilitat

Cursa de llebres

La cursa consisteix a tirar 50 vegades dues monedes alhora.
Hem registrat els salts de cada llebre. Fixeu-vos en els resultats de la primera cursa:

Llebre		Salts	
	Avança si surt una cara i una creu.	卌 卌 卌 卌 卌 ||	(27)
	Avança si surten dues creus.	卌 卌	(10)
	Avança si surten dues cares.	卌 卌 |||	(13)

Després hem fet dues curses més. Observeu aquests gràfics que mostren els resultats de les dues curses. Comproveu si s'han fet les 50 tirades.

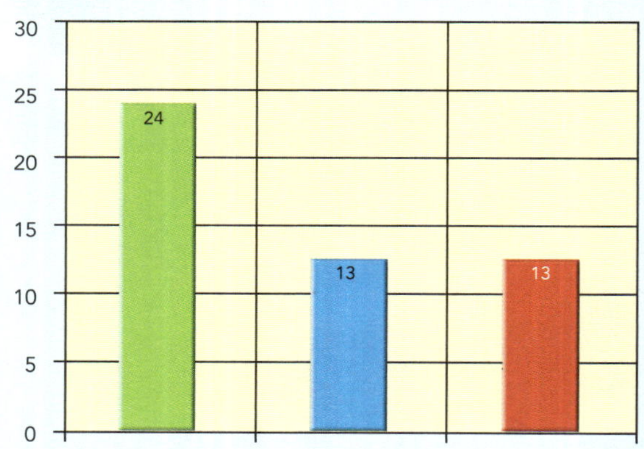

Gràfic 1

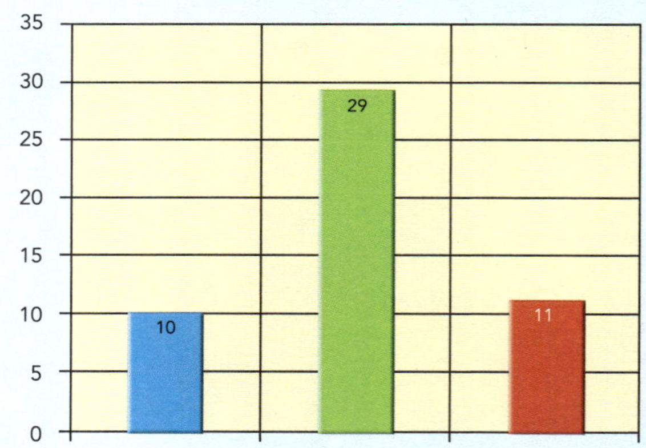

Gràfic 2

- La llebre verda guanya sempre. En 50 tirades ha obtingut la puntuació següent: 24 salts en una cursa i 29 en l'altra.
  - Quants salts diríeu que farà aproximadament amb 100 tirades? I la llebre vermella? I la llebre blava?
  - I amb 500 tirades?
  - Creieu que si fessin una altra cursa, tornaria a guanyar la llebre verda? Què us ho fa pensar? El segon i tercer lloc podrien canviar? Per què?

Observeu aquest diagrama d'arbre. Ajuda a veure quina llebre avança en cada cas:

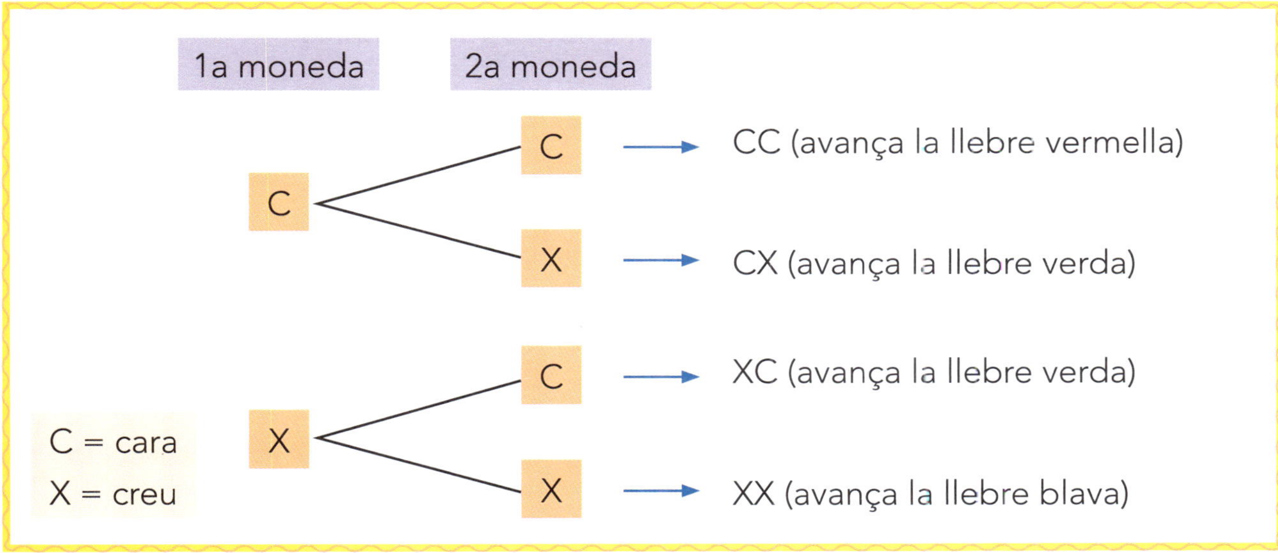

- Per què guanya la llebre verda?

La taula següent també ajuda a veure més clarament quina llebre avança en cada cas. Com completaríeu la taula? Parleu-ne amb els companys i companyes.

Llebre	Avança quan surt...	Quants cops avança?	En forma de fracció
	...cara/creu ...creu/cara	2 de cada 4	$\frac{2}{4}$
	...creu/creu	?	$\frac{1}{4}$
	...?	1 de cada 4	?

- Quina relació hi ha entre les respostes d'una mateixa fila?

Pàg. 29

Fracció d'un nombre

En una altra cursa de llebres hem tirat les monedes vuit vegades:

Representarem els resultats així:

- Quan surti dues vegades cara: C – C → Ho podem representar amb la fracció $\frac{1}{4}$.
- Quan surti una cara i una creu: C – X
- Quan surti una creu i una cara: X – C

→ Ho podem representar amb la fracció $\frac{2}{4}$.

- Quan surti dues vegades creu: X – X → Ho podem representar amb la fracció $\frac{1}{4}$.

C – C	C – X	X – C	X – X
C – C	C – X	X – C	X – X

Com que hi ha quatre combinacions (C–C, C–X, X–C i X–X), farem quatre grups:

C – C	C – X	X – C	X – X
C – C	C – X	X – C	X – X

Ara podem pintar, per exemple, els resultats que fan avançar la llebre verda. Seran els casos en què surt una cara i una creu.

C – C	C – X	X – C	X – X
C – C	C – X	X – C	X – X

QUÈ PUC FER PER CALCULAR LA FRACCIÓ D'UN NOMBRE?

PER TANT, HE FET QUATRE SALTS! I LA LLEBRE BLAVA? I LA VERMELLA? QUANTS SALTS CREUS QUE FARAN? HO CALCULEM DE LA MANERA SEGÜENT:

$\frac{1}{4}$ DE 8 TIRADES ÉS → $8 : 4 = 2$ (LLEBRE BLAVA I VERMELLA)

$2 \times 1 = 2$

$\frac{2}{4}$ DE 8 TIRADES ÉS → $8 : 4 = 2$ (LLEBRE VERDA)

$2 \times 2 = 4$

UNITAT 2

BARCANOVA EDITORIAL

A l'escola hi ha un alumne que planteja la situació següent:

$\frac{1}{4}$ de 200 = 50
200 : 4 = 50 50 × 1 = **50**

$\frac{2}{4}$ de 200 = 100
200 : 4 = 50 50 × 2 = **100**

- On creus que estaria la llebre blava aproximadament? Explica com ho faries.

Pàg. 34

Atzar

Discutiu les afirmacions següents sobre aquests jocs, tenint en compte que n'hi ha de certes i n'hi ha de falses.

EL BINGO amb nombres de l'1 al 90

- És possible que surti el 240.
- És segur que sortirà un nombre acabat en 3.
- És probable que surti un nombre més gran que 40.
- És impossible que surti el 6.
- És segur que sortirà un nombre més petit que 100.

LA BARALLA de 48 cartes

Si agafo una carta...

- ...és segur que serà de copes.
- ...és segur que sortirà l'as de bastons.
- ...és impossible que em surti el 15 d'espases.
- ...és més probable que em surti un nombre més petit que 10 que un de més gran que 10.
- ...és poc probable que em surti un 3.

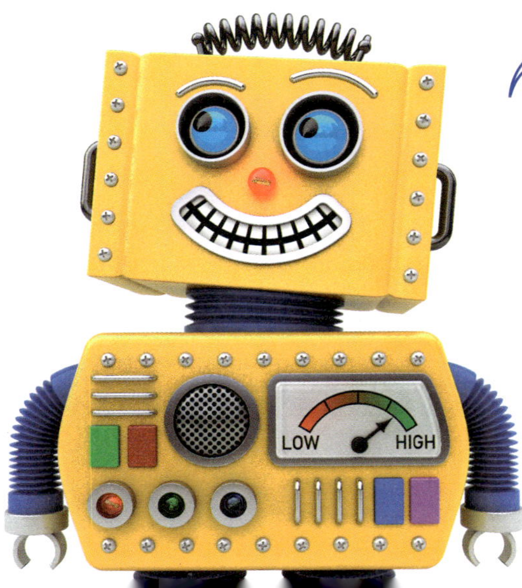

AMB QUINS NOMS DEFINIM LES DIFERENTS PROBABILITATS QUE ES PRODUEIXI UN FET?

Pàg. 36

Fraccions equivalents

La festa d'en Martí

En Martí fa 11 anys i els seus amics i amigues li volen preparar una festa sorpresa. Han decidit decorar-ho tot amb globus i preparar-li jocs.
Fixa't quants globus tenen.

240 globus

Rosa $\frac{2}{12}$ Verd $\frac{2}{8}$ Vermell $\frac{1}{4}$ Groc $\frac{1}{12}$ Blau $\frac{6}{24}$

- Per fer un dels jocs necessiten 50 globus blaus. En tindran prou?
- Quin és el color del qual hi ha menys globus?
- Volen 60 globus del mateix color per fer pilotes de malabars. És possible? De quin color podrien ser?

La Clàudia ha representat la quantitat de globus de cada color d'aquesta manera:

240 globus

$\frac{2}{8} = 2 : 8$

$\frac{6}{24} = 6 : 24$

Dividim el numerador pel denominador i obtenim el mateix resultat.

- Mirant els gràfics, què observeu? Quants globus hi ha de cada color?

Les fraccions equivalents són aquelles que representen la mateixa part.

A la festa d'en Martí per berenar han menjat maduixes.
$\frac{5}{15}$ se les han menjades amb nata i $\frac{1}{3}$ amb suc de taronja.

45 maduixes

- De quines n'han menjades més: amb nata o amb suc de taronja?

45 maduixes

$$\frac{1}{3} \xrightarrow{\times 5} \frac{5}{15}$$

Multipliquem o dividim el numerador i el denominador pel mateix nombre.

El regal

Entre tots els amics regalen a en Martí una col·lecció de 300 cromos d'animals que està repartida de la manera següent:

$\frac{2}{6}$ de mamífers $\frac{2}{10}$ de peixos $\frac{1}{5}$ de rèptils $\frac{1}{15}$ d'amfibis $\frac{3}{15}$ d'ocells

- Quants cromos hi ha de cada tipus?
- Què podeu observar amb els rèptils, els ocells i els peixos?
- Expliqueu verbalment cada una de les situacions anteriors.

300 cromos

$\frac{1}{5}$ ⨉ $\frac{3}{15}$

$\frac{1}{5}$ ⨉ $\frac{2}{10}$

$\frac{3}{15}$ ⨉ $\frac{2}{10}$

$1 \times 15 =$
$5 \times 3 =$

Multipliquem en creu i obtenim el mateix resultat.

Pàg. 39

El percentatge

EL 50 % DE LA PLANTACIÓ DE CASTANYERS HA ESTAT AFECTADA PEL MAL DE LA TINTA

Una plantació de 100 castanyers de la comarca d'Osona ha agafat una malura. La patologia s'anomena ***mal de la tinta***, que és una malaltia produïda per dos fongs: *Phytophthora cambivora* i *Phytophthora cinnamomi*.

Ara bé, els experts que analitzaven la plantació han estat ràpids en l'aplicació del tractament adequat. Això ha fet que només quedés afectada el 50 % de la plantació total.

- Què vol dir 50 %?
- Sempre que veiem escrit el 50 % d'una quantitat, hem d'entendre que vol dir la meitat?
- De quina altra manera podem representar numèricament el 50 %?
- Quines d'aquestes opcions representen el titular de la notícia?

El percentatge (%) és una part de 100.

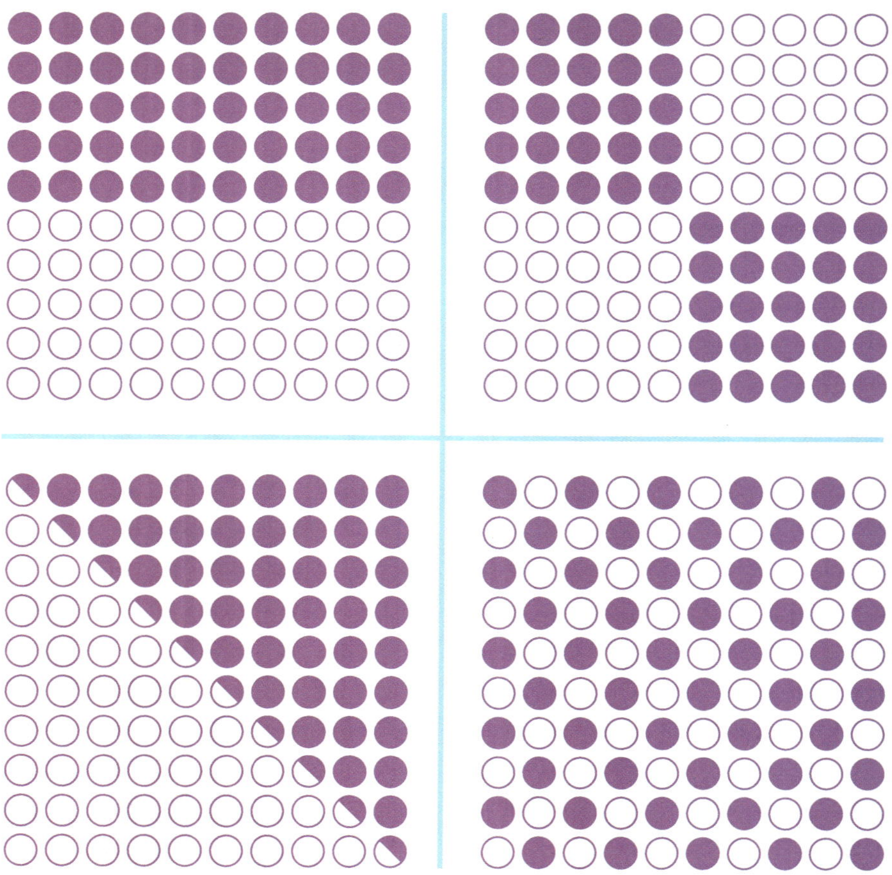

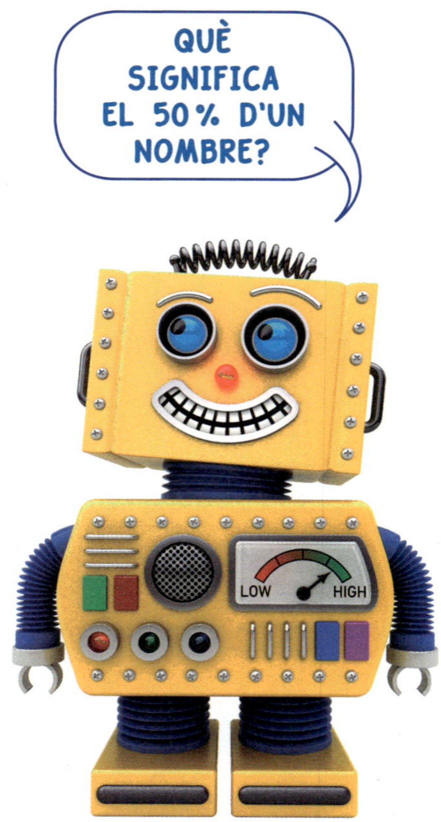

BARCANOVA EDITORIAL

Pàg. 40

ESTRATÈGIES DE CÀLCUL

Calculem meitats

Dues persones es reparteixen cada un d'aquests elements en parts iguals:

18 plàtans

15 llapis de colors

585 euros

20 pilotes de tenis

27 flors

- Pot ser que no tots els repartiments siguin exactes. Si és així, els que no són exactes, quin residu tenen?
- Quin residu tenen aquestes divisions?

120 : 2 = 60 r?	235 : 2 = … r?	488 : 2 = 244 r?
764 : 2 = 382 r?	379 : 2 = 189 r?	1.287 : 2 = 643 r?

- Quins residus has obtingut? Observes alguna relació entre els diferents residus?
- Podries trobar algun nombre que, fent la seva meitat, el residu fos 5? I 2? I 4? Per què?

BARCANOVA EDITORIAL

Pàg. 41

Estimem resultats

12 amics han guanyat 510 € en un concurs de redacció de contes. Quants diners els tocaran a cada un?

Abans de resoldre el problema, alguns fan una estimació del resultat, és a dir, intenten fer-se una idea de la solució per tal d'assegurar-se que el que obtindran quan resolguin el problema és possible.

1a opció

ENS TOCARAN **MENYS DE 510 €** PERQUÈ ÉS EL TOTAL DE DINERS QUE TENIM. PER TANT, SI ENS ELS HEM DE REPARTIR ENTRE 12, SEGUR QUE EL RESULTAT SERÀ MÉS PETIT DE 510!

2a opció

ENS TOCARAN **MENYS DE 100 €** PERQUÈ 12 × 100 = 1.200 I NOMÉS TENIM 510 €; NO EN TENIM 1.200! AH! I TAMBÉ **MENYS DE 50**, PERQUÈ 1.200 : 2 = 600 €

3a opció

ENS TOCARAN **MENYS DE 50 €** PERQUÈ SI FÓSSIM 10 AMICS ENS TOCARIEN 50 € A CADA UN (500 : 10 = 50), PERÒ COM QUE SOM 12 AMICS ENS TOCARAN MENYS DE 50 €.

4a opció

ENS TOCARAN **ENTRE 20 I 50 €**, PERQUÈ 12 × 20 = 240 € I 12 × 50 = 600 €.

Resol el problema i comprova l'estimació que han fet:

510 : 12 = 42,50 €

```
  5 1 0 | 1 2
- 3 6 0   3 0        12 × 30 = 360
  1 5 0
- 1 2 0   1 0        12 × 10 = 120
    3 0
  - 2 4     2        12 × 2 = 24
        6 + 0,5 0    12 × 0,5 = 6
          4 2,5 0
```

Tocaran 42,50 € a cada un.

Observa els resultats d'aquestes fraccions:

$\frac{1}{7}$ de 999.999 = 142.857

$\frac{2}{7}$ de 999.999 = 285.714

$\frac{3}{7}$ de 999.999 = 428.571

$\frac{4}{7}$ de 999.999 = 571.428

- Què hi veus? Què passa amb les xifres dels resultats? S'assemblen? Es repeteixen?
- Pots trobar els resultats de les dues fraccions següents sense fer cap operació (ni amb llapis ni amb la calculadora)?

$\frac{5}{7}$ de 999.999

$\frac{6}{7}$ de 999.999

- Quina relació has trobat en els resultats del capdamunt de la pàgina per trobar el resultat d'aquestes dues fraccions?
- Pensa quin seria el resultat de $\frac{7}{7}$ de 999.999.
- Ho has entès? Explica-ho als teus companys i companyes.

EL REPTE

Construïu un Memory de 96 peces en grups cooperatius.

CONSTRUÏM UN MEMORY

- Quantes parelles hi haurà?
- Les parelles estan agrupades en diferents temàtiques:

  $\frac{1}{4}$ de les parelles són d'animals;

  $\frac{2}{8}$ de les parelles són d'esports;

  $\frac{2}{24}$ de les parelles són de mitjans de transport;

  $\frac{1}{6}$ de les parelles són de plantes;

  $\frac{3}{12}$ de les parelles són d'aliments.

  Quantes parelles hi ha de cada tema?

- D'algunes temàtiques hi ha la mateixa quantitat de parelles. Com ho podeu justificar si no hi ha cap fracció igual?

Ja podem jugar!

- Quan gireu una targeta…

  …és segur que sortirà una planta?

  …és poc probable que surti un mitjà de transport?

  …és impossible que surti un animal?

  …és possible que surti un esport?

  …és igual de probable que surti un aliment o un animal?

  Justifiqueu les respostes.

- Digueu quina és la probabilitat que surti cada una de les temàtiques en girar una targeta.

Hem acabat el joc

En Jordi ha comptat les parelles que ha aconseguit reunir i ha dit: «He aconseguit agrupar el 50 % de les parelles!». Quantes parelles té?

BARCANOVA EDITORIAL

HE APRÈS...

Les **fraccions** ens permeten expressar les possibilitats que hi ha que es produeixi un fet.

	cara/creu creu/cara	2 de cada 4	$\frac{2}{4}$

Les **fraccions** serveixen per calcular i expressar la **part** d'un grup o col·lecció.

$\frac{1}{4}$ **de 200 = 50**
200 : 4 = 50 50 × 1 = **50**

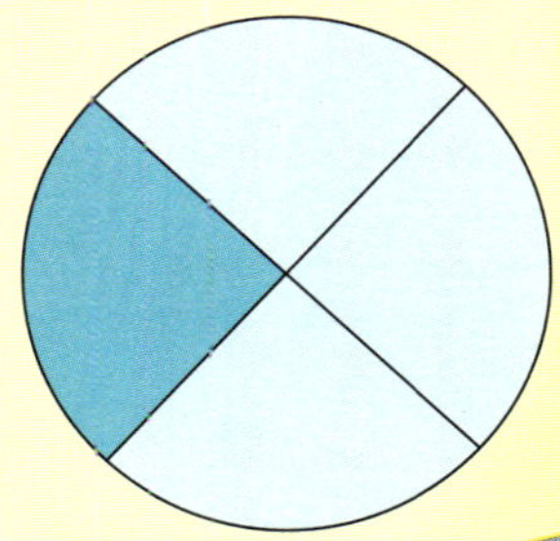

La **probabilitat** indica en quina mesura es pot produir un fet.

Hi ha fraccions diferents que representen la mateixa part.

$\frac{2}{8}$ 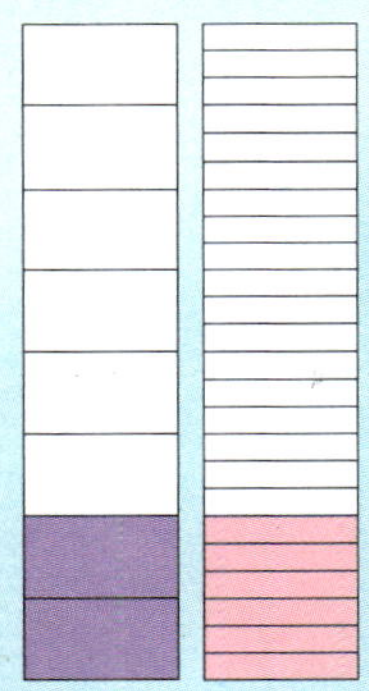 $\frac{6}{24}$

Podem trobar **fraccions equivalents** de diferents maneres.

$\frac{2}{8} = 2 : 8 \qquad \frac{6}{24} = 6 : 24$

$\frac{1}{3} \xrightarrow{\times 5} \frac{5}{15}$ (numerador × 5, denominador × 5)

$\frac{1}{5} \times \frac{3}{15}$ $\quad 1 \times 15 = 15$; $\quad 5 \times 3 = 15$

Es pot saber el **residu** d'una divisió d'un nombre qualsevol entre dos sense necessitat de resoldre-la.

El 50 % es representa com a $\frac{50}{100}$.

UNITAT 2

3 Vivim entre línies

Gratacels més alts del món			
Edifici	**Altura**	**Ciutat**	**País**
Burj Khalifa	828 m	Dubai	Unió dels Emirats Àrabs
Shanghai Tower	632 m	Xangai	Xina
Abraj Al-Bait Clock Tower	601 m	la Meca	Aràbia Saudita
Ping An Finance Center	599 m	Shenzhen	Xina
Lotte World Tower	555 m	Seül	Corea del Sud

Què farem?

- Rectes paral·leles i secants.
- La mediatriu.
- Els angles.
- La bisectriu.
- Mesura d'angles.
- Girs.
- Simetria.
- Estratègies de càlcul: multiplicar i dividir per 5.

UNITAT 3

Pàg. 47

Rectes

Recta, semirecta i segment

La Meritxell i en Ramon han fet una partida al joc dels segments i ens expliquen com s'hi juga. Necessiteu un full on hàgiu dibuixat un camí amb línies corbes. L'objectiu del joc és ser el primer d'arribar a la línia de meta.

1. En Ramon col·loca el llapis blau a la línia de sortida. Amb la punta del dit impulsa el llapis i el fa anar cap a la direcció que creu millor. Obtindrà una semirecta que haurà de convertir en segment en la pròxima tirada.

2. La Meritxell, amb el llapis vermell, iniciarà la seva tirada des del punt de sortida.

Si la línia intersecciona amb el camí, es converteix en segment.

Si no intersecciona amb el camí, és una semirecta.

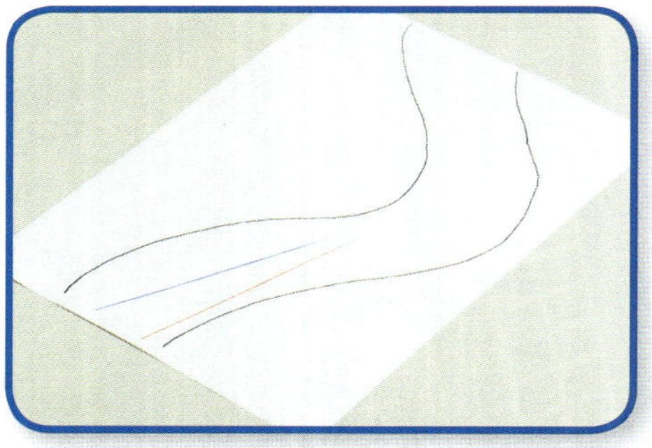

3. Ara torna a tocar a en Ramon. Ha de marcar un punt en la semirecta anterior, de manera que la converteixi en segment. Aquest serà el punt d'inici d'una nova semirecta o d'un segment en cas que talli el camí.

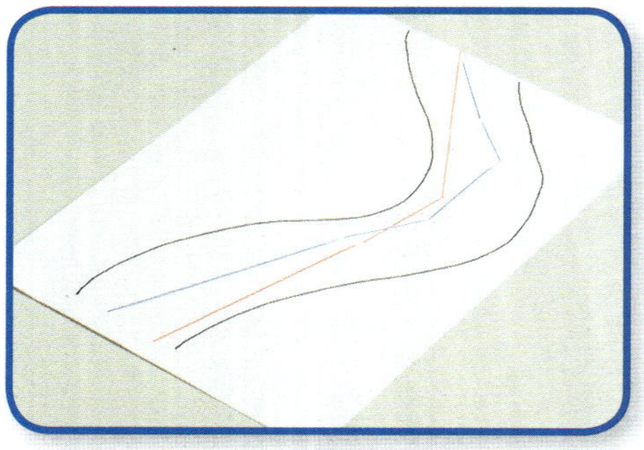

4. La partida s'acaba quan un jugador travessa la línia d'arribada.

- Quin tipus de línies han dibuixat? Podrien ser corbes? Quina diferència observeu entre una recta i una semirecta? Com definiríeu *semirecta*? I *segment*?

BARCANOVA EDITORIAL

Pàg. 48

Rectes paral·leles i secants

Rectes paral·leles

PAS A PAS

NECESSITEM

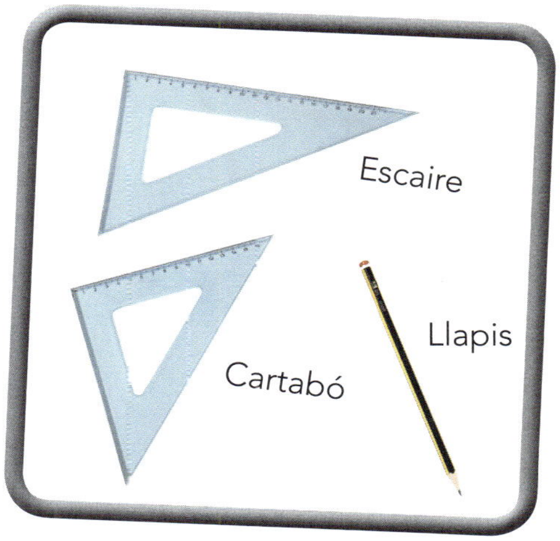

COM PUC DIBUIXAR LES RECTES PARAL·LELES?

Les rectes paral·leles són rectes que no es tallen mai en cap punt.

Rectes secants

Les següents rectes són secants:

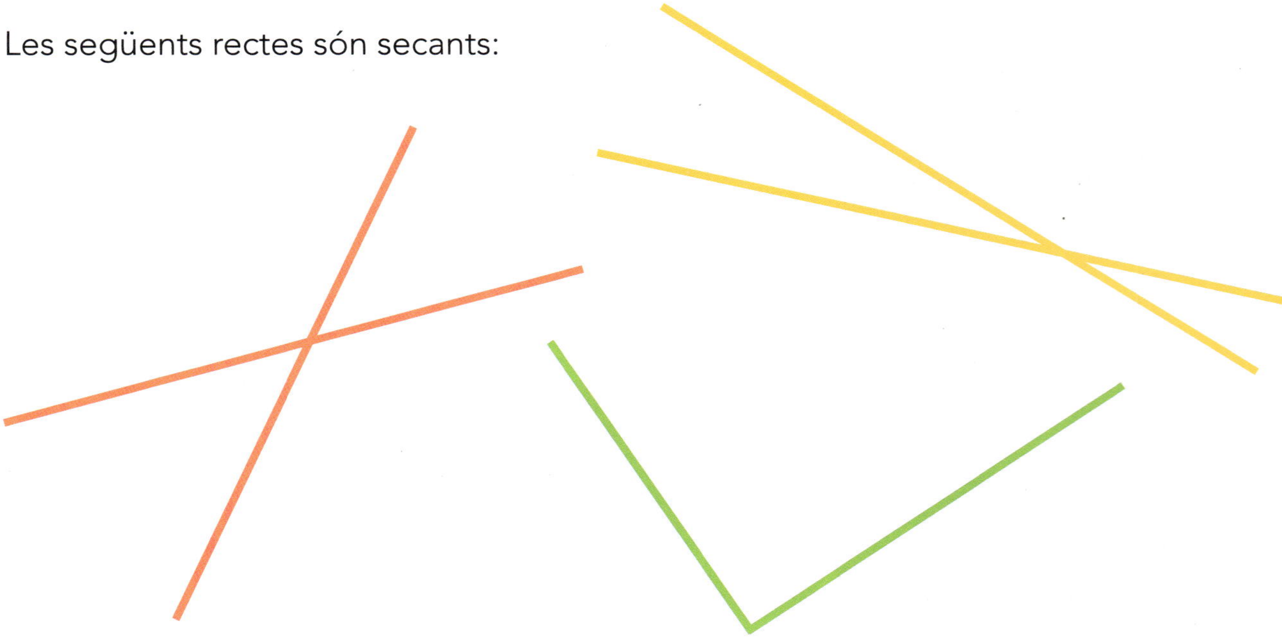

- Què tenen en comú les rectes secants de color verd?

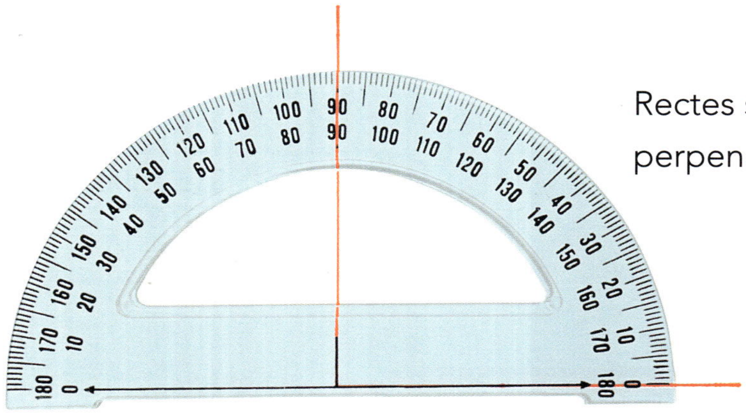

Rectes secants perpendiculars

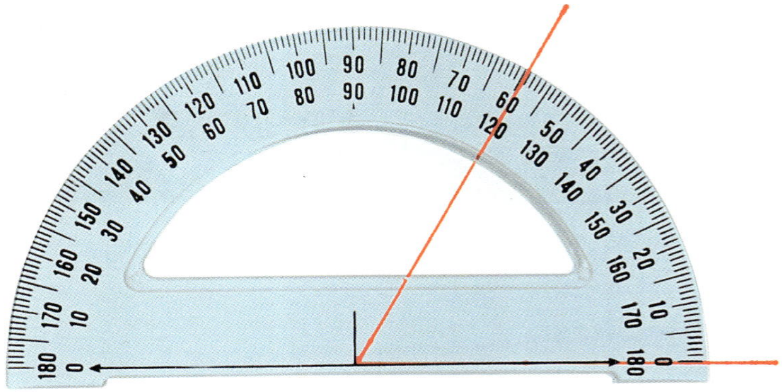

Rectes secants no perpendiculars

Dues rectes o més que es tallen en un punt s'anomenen **rectes secants**. Quan les rectes es tallen formant un angle recte (90°) s'anomenen **rectes perpendiculars**.

BARCANOVA EDITORIAL

Dibuixem rectes perpendiculars

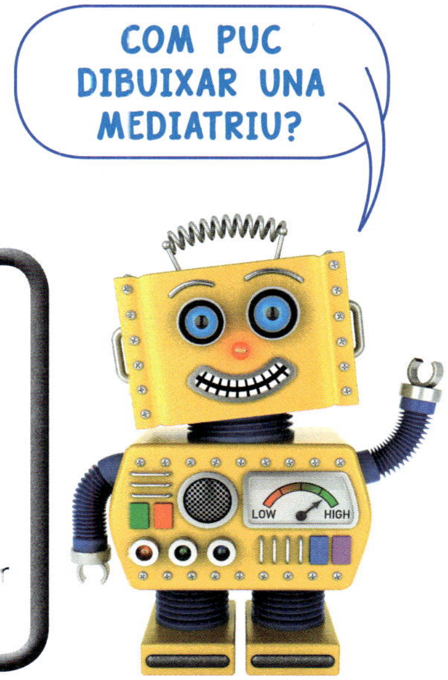

NECESSITEM

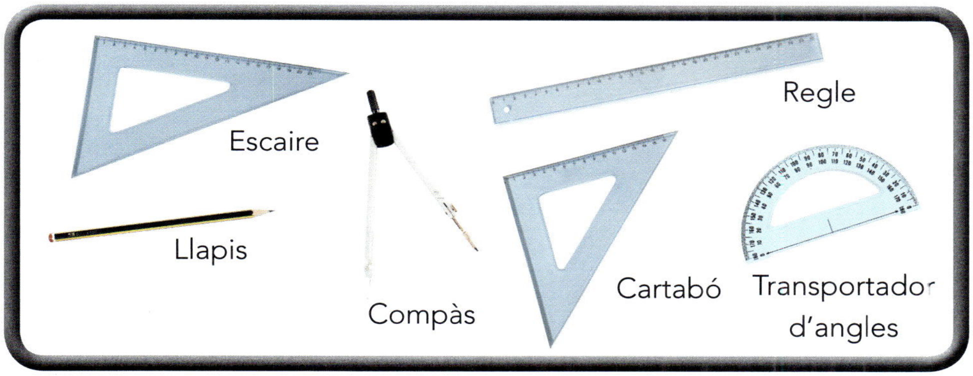

PAS A PAS

Línies perpendiculars amb escaire i cartabó.

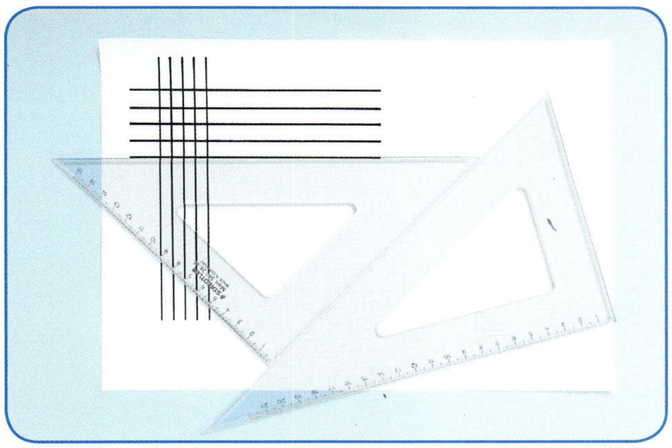

Línies perpendiculars amb transportador d'angles.

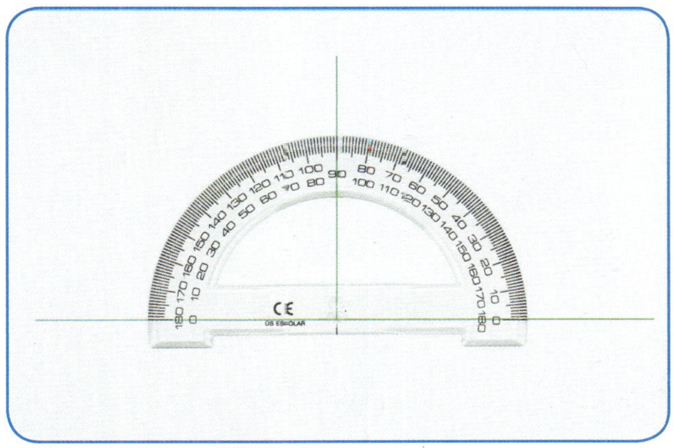

Línies perpendiculars amb compàs.

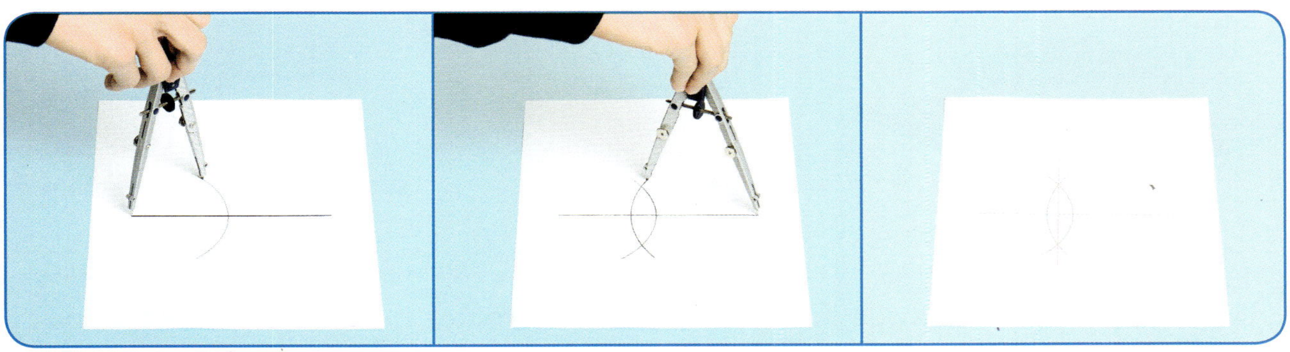

Quan la recta perpendicular divideix el segment en dues parts iguals, l'anomenem **mediatriu**.

Pàg. 54

Els angles

Trobem angles pertot arreu.

Angle complet

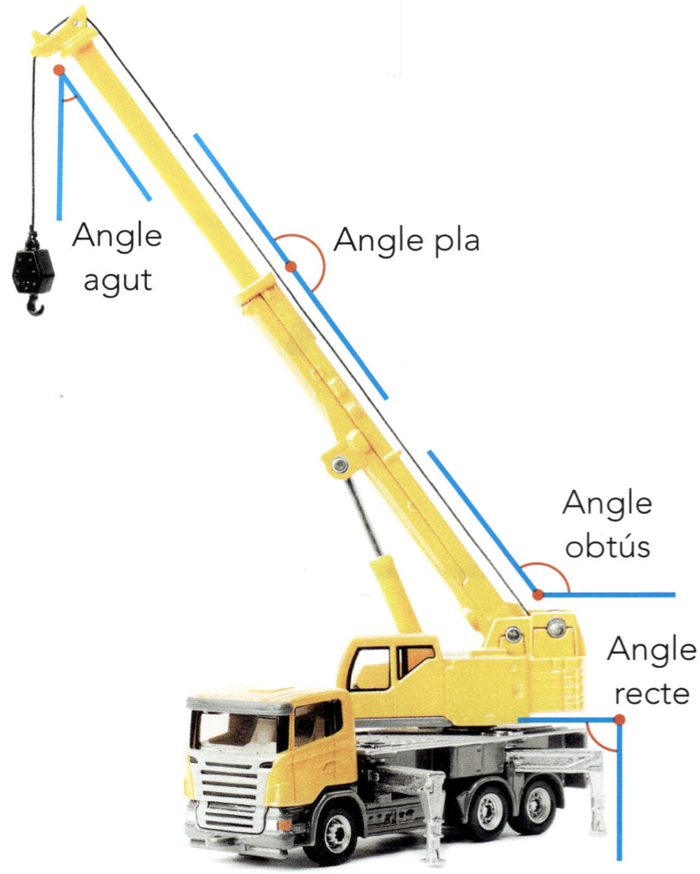

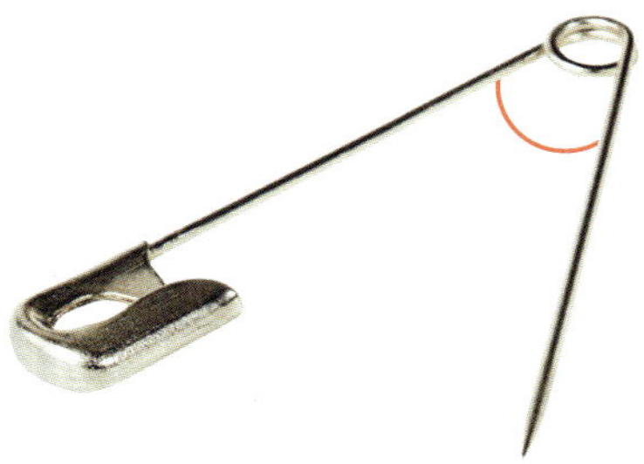

Un **angle** és l'espai pla que hi ha entre dues semirectes que comencen en el mateix punt. Aquest punt s'anomena **vèrtex**. Els angles els mesurem amb el transportador d'angles i la unitat de mesura és el **grau**.

BARCANOVA EDITORIAL

Pàg. 55

La bisectriu

Els angles es poden dividir. Fixeu-vos en aquests dos casos:

a) Observeu l'angle d'aquest marc:

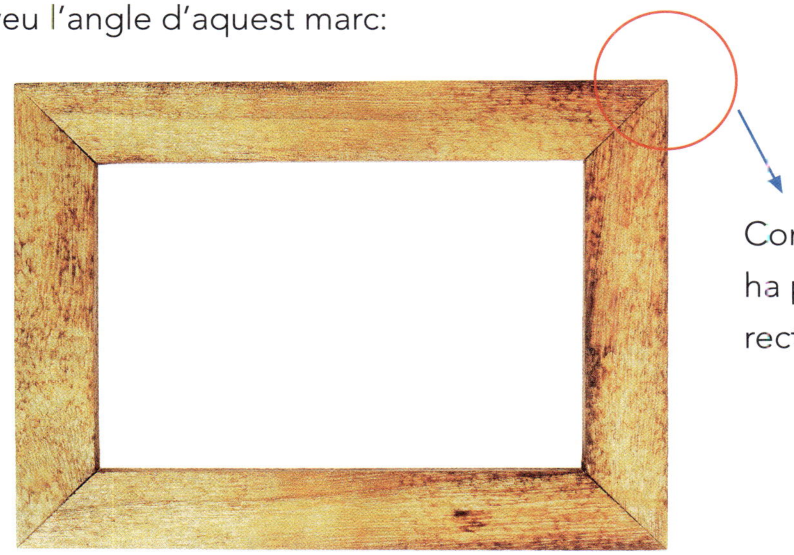

Com explicaríeu què li ha passat a aquest angle recte?

b) Fixeu-vos ara en aquestes imatges:

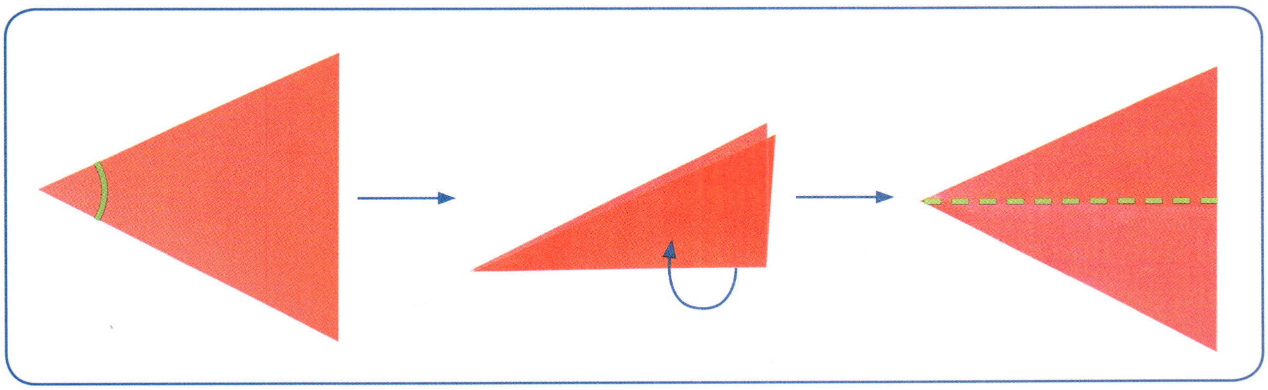

Quina semblança hi ha entre els dos casos?

La **bisectriu** és la línia que passa pel vèrtex de l'angle i el divideix en dues parts iguals.

Pàg. 56

Mesurem angles

Hi ha diferents tipus de transportadors.

NECESSITEM

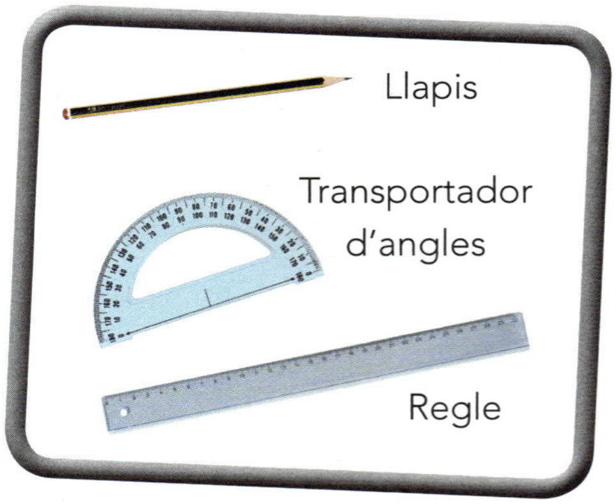

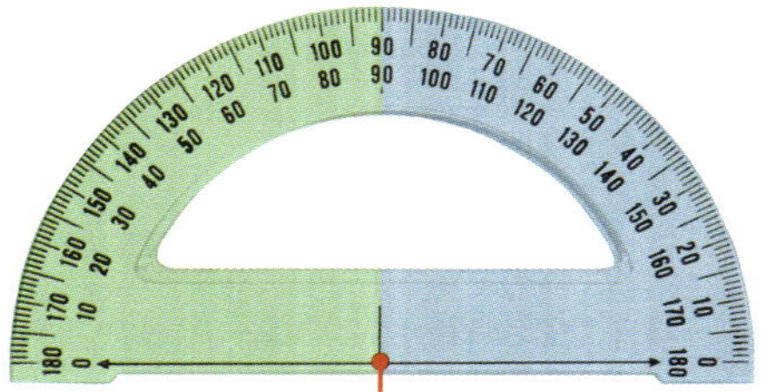

Punt on situem el vèrtex de l'angle.

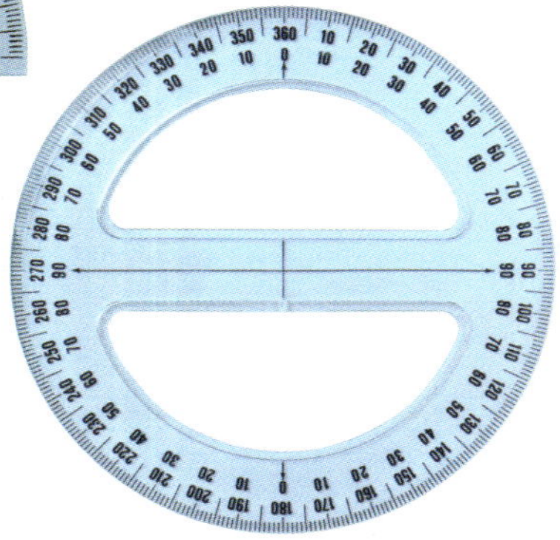

Fixeu-vos que alguns transportadors ens permeten llegir tant de dreta a esquerra com d'esquerra a dreta.

PAS A PAS

1. En primer lloc situem el centre del transportador en el vèrtex de l'angle.
2. Cal que una de les semirectes coincideixi amb el 0 del transportador.
3. Després llegim el nombre que indica l'altra semirecta.

Es llegeix 47° (47 graus).

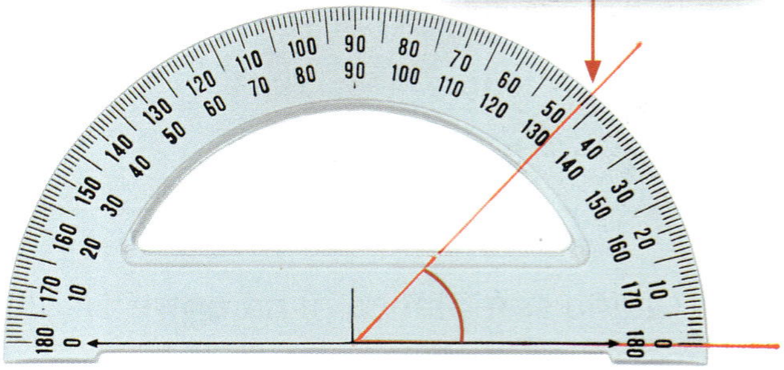

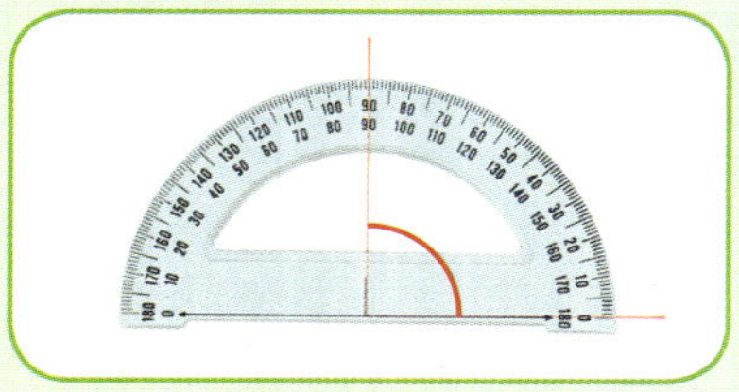

Quan un angle mesura 90°, l'anomenem **angle recte**.

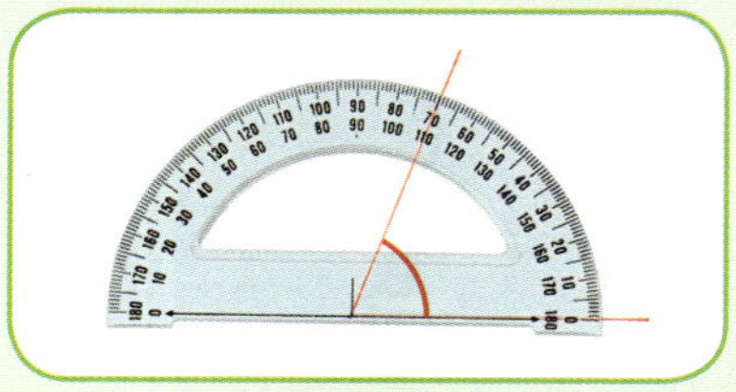

Quan un angle mesura menys de 90°, l'anomenem **angle agut**.

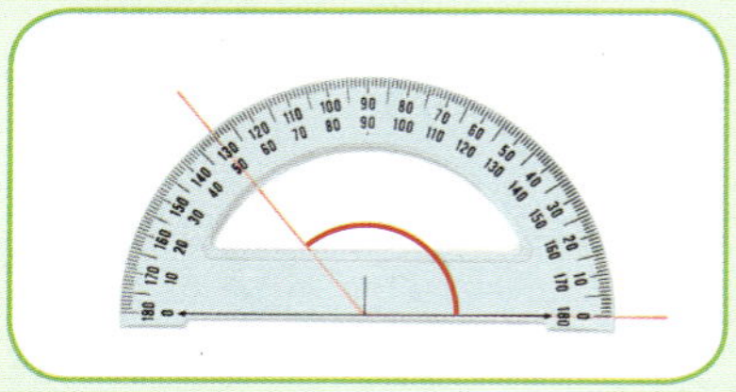

Quan un angle mesura més de 90°, l'anomenem **angle obtús**.

Pàg. 56

Dibuixem angles

COM PUC DIBUIXAR UN ANGLE DE 70°?

PAS A PAS

1. Traça una semirecta.
2. Col·loca-hi al damunt el transportador. El centre del transportador ha de coincidir amb un extrem de la semirecta.
3. Mesura els graus que vols que faci l'angle i marca'ls en el paper.
4. Traça una nova semirecta i obtindràs l'angle.

NECESSITEM

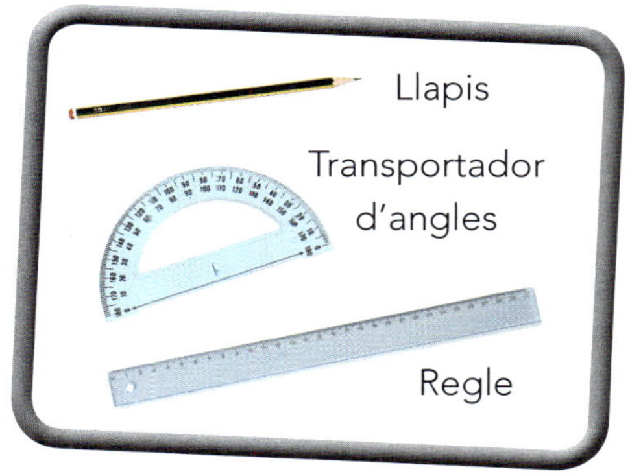

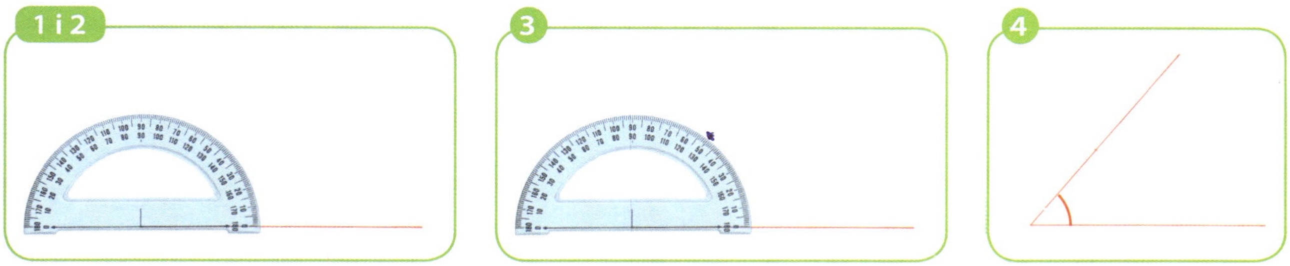

Pàg. 57

Dibuixem la bisectriu

COM PUC DIBUIXAR UNA BISECTRIU?

PAS A PAS

1. Posa el compàs al vèrtex O i assenyala els punts A i B.
2. Traça un arc des de A.
3. Amb la mateixa obertura, traça un altre arc des de B.
4. Uneix, amb el regle, el vèrtex O i el punt de tall dels dos arcs.

NECESSITEM

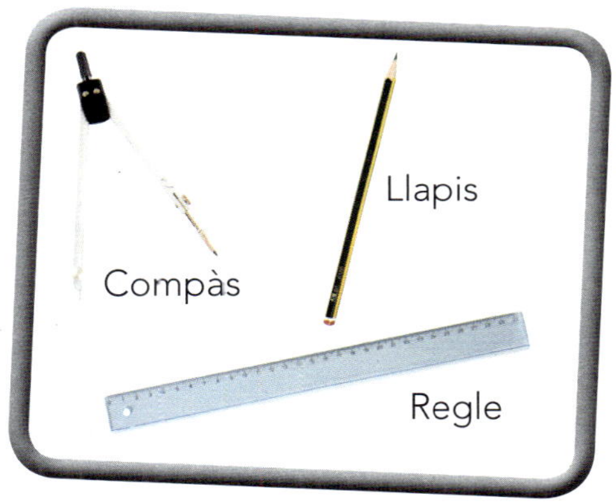

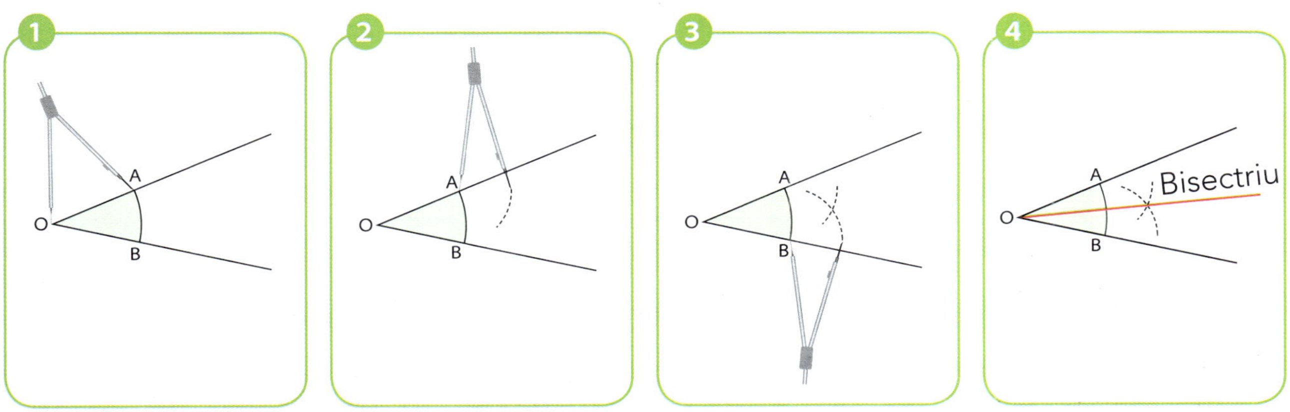

Pàg. 58

Girs

Fixeu-vos en aquest personatge i en els girs que ha fet:

Posició inicial

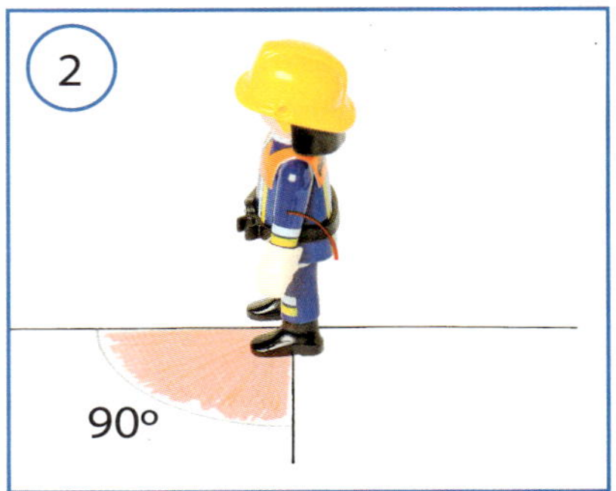

$\frac{1}{4}$ de volta =
= 1 angle recte

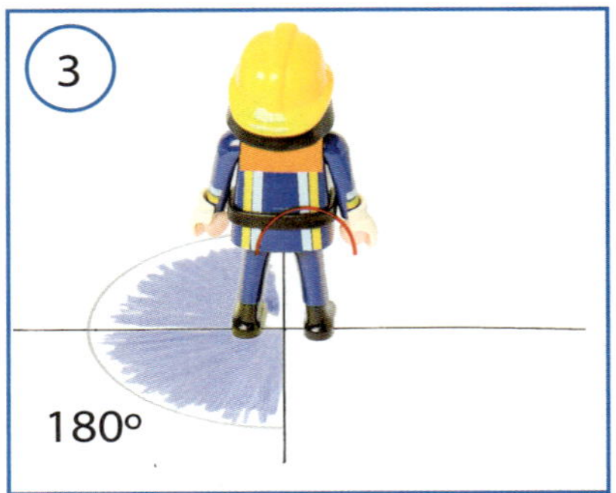

$\frac{2}{4}$ de volta =
= 2 angles rectes =
= angle pla

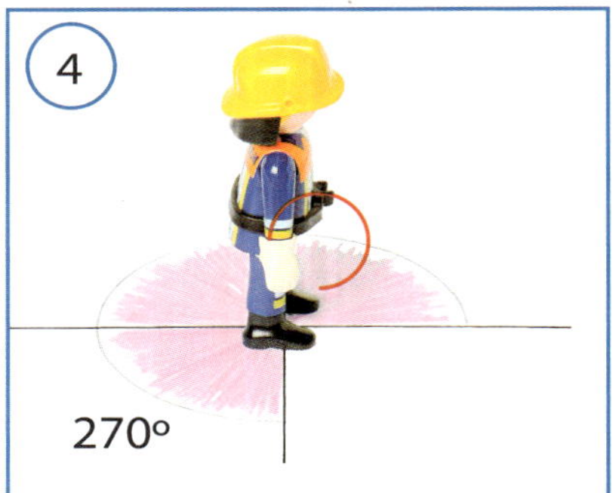

$\frac{3}{4}$ de volta =
= 3 angles rectes

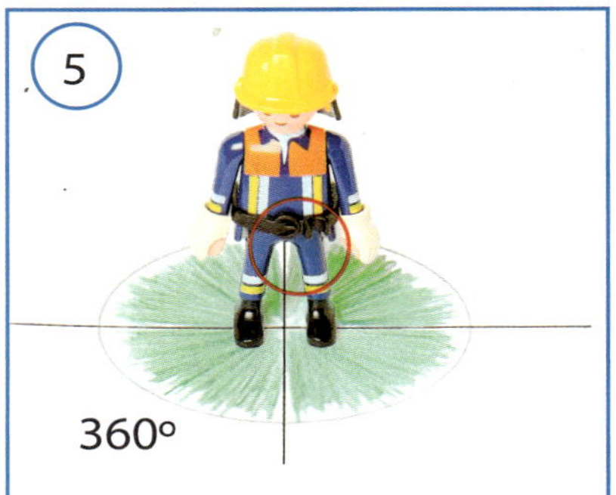

$\frac{4}{4}$ de volta = 4 angles rectes = angle complet

Pàg. 59

Simetria

Observeu la imatge següent. Hi hem dibuixat uns eixos de simetria.

Una figura simètrica és aquella que, dividida per la meitat, dona dues parts iguals. Les línies que utilitzem per dividir-la s'anomenen eixos de simetria. D'eixos de simetria n'hi pot haver més d'un.

ESTRATÈGIES DE CÀLCUL

Multiplicar i dividir per 5

Multiplicar per 5

Quants llibres hi ha en una prestatgeria de 5 prestatges, si en cada prestatge n'hi caben 67?

Podem saber-ho multiplicant 67 × 5, però necessitaríem paper i llapis.

O bé, d'una altra manera:

67 × 10 = 670

670 : 2 = 335

A la prestatgeria hi ha 335 llibres.

Dividir entre 5

Tinc una capsa de 340 llibres i vull repartir-los en la prestatgeria de 5 prestatges; quants n'hi haurà en cada prestatge?

Pista 1: Busca la manera de fer-ho mentalment.

Pista 2: La multiplicació és l'operació inversa de la divisió.

Pàg. 61

PROBLEMES

Fixa't que les representacions ens ajuden a trobar la resposta del problema!

Fem representacions

Tinc un fil de pescar per penjar un mòbil a la classe. El meu company me'n demana un tros i n'hi dono $\frac{1}{4}$ del que tinc. Després, com que me'n falta, la mestra em diu que me'n donarà $\frac{1}{4}$ part del que em queda. Tindré un fil de pescar tan llarg com abans?

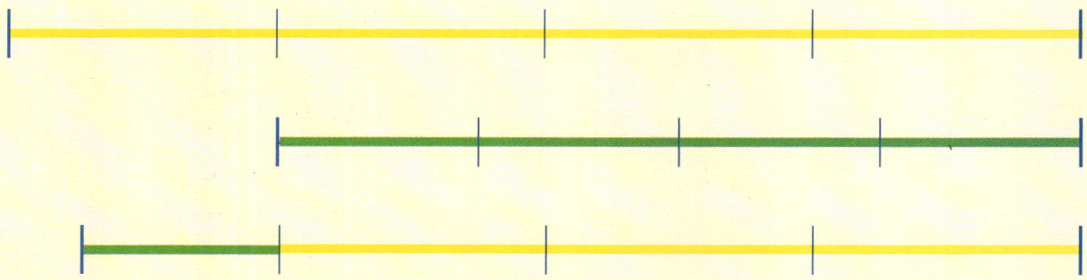

En un bloc de pisos hi ha 10 plantes; en cada planta hi ha 3 pisos i en cada pis, 5 finestres. Quantes finestres hi ha al bloc?

5	5	5

Quantes galetes tinc en 5 capses iguals, si en cada capsa hi ha 3 piles i en cada pila hi ha 9 galetes?

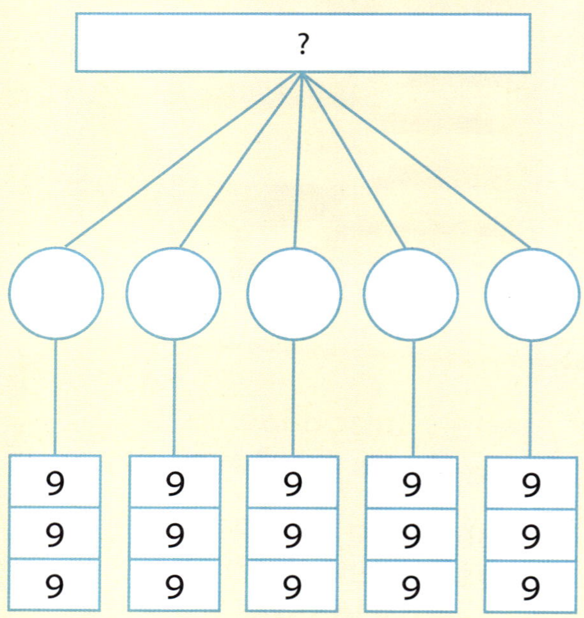

LES IL·LUSIONS ÒPTIQUES

A vegades, segons com està dibuixada una cosa, enganya la vista; això s'anomena **il·lusió òptica**.

- Observa les diferents línies d'aquestes imatges; són paral·leles? Com ho pots comprovar?

- Per què creus que a simple vista no ho veus? Què ho distorsiona?

- Mira aquestes imatges; en la imatge A, què hi ha més enlaire: la bola o el botó? En la imatge B, creus que l'aigua pot estar en moviment contínuament?

A

B

Busca a internet altres imatges de construccions impossibles.

EL REPTE

Anem a Núria pel Sender GR 1.

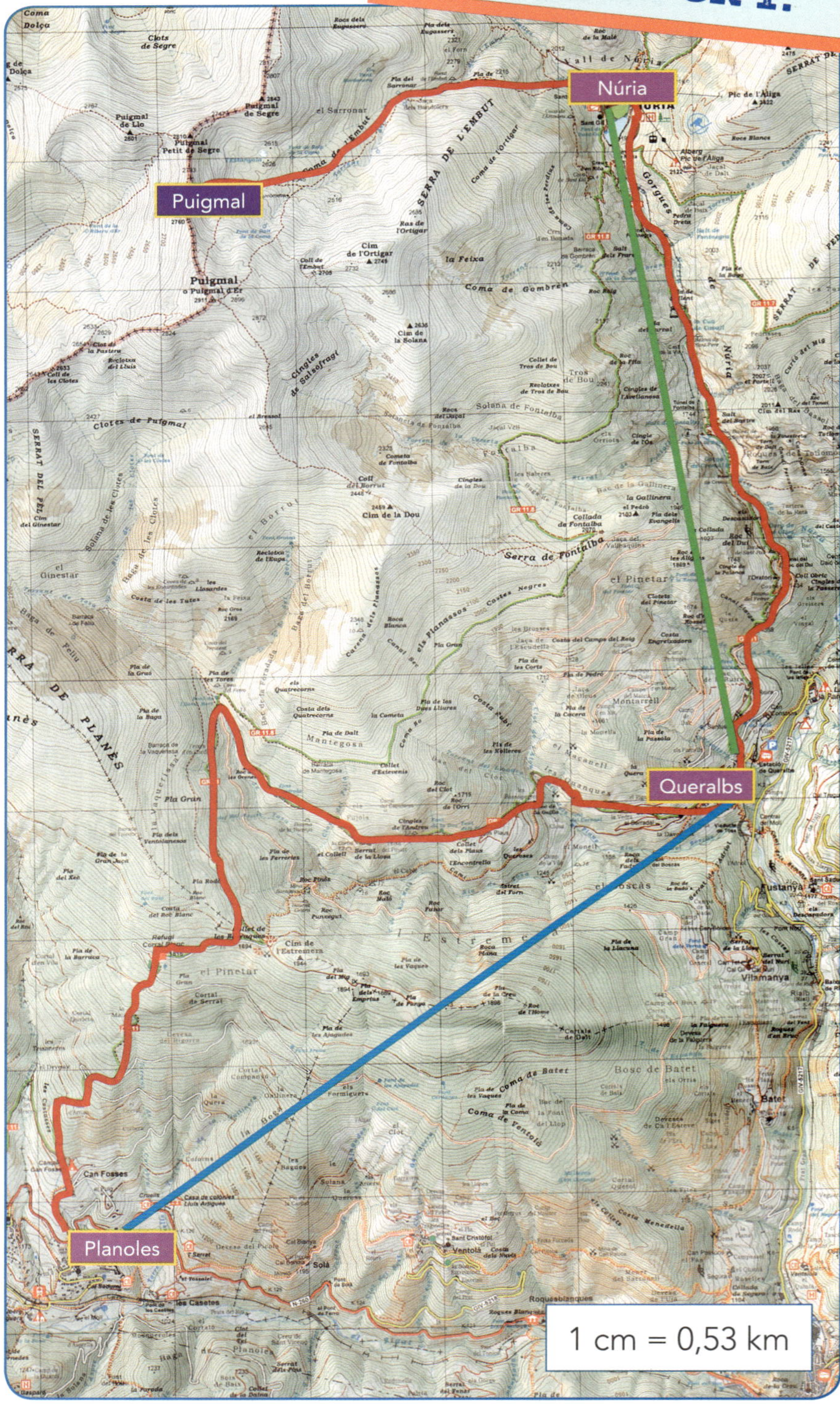

Busqueu en el mapa: Planoles, Queralbs, Núria i el Puigmal.

Fixeu-vos en la línia marcada en color vermell; és un sender de gran recorregut que marca el camí que han de seguir els excursionistes.

- Quina distància en línia recta és més llarga: la blava o la verda? I si seguim el sender, quin tram serà més llarg en quilòmetres? Com ho expliques, això?
- Quin angle formen els segments verd i blau? I si traceu un segment imaginari des de Núria fins al Puigmal, quin tipus d'angle obtindreu?

HE APRÈS...

Hi ha diferents tipus de línies rectes:

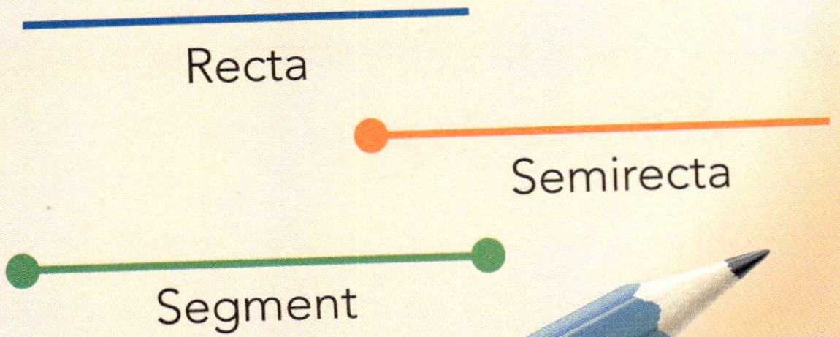

Dues rectes poden ser paral·leles (no es tallen mai) o secants (es tallen en un punt). Quan es tallen formant un angle recte (90°) s'anomenen perpendiculars.

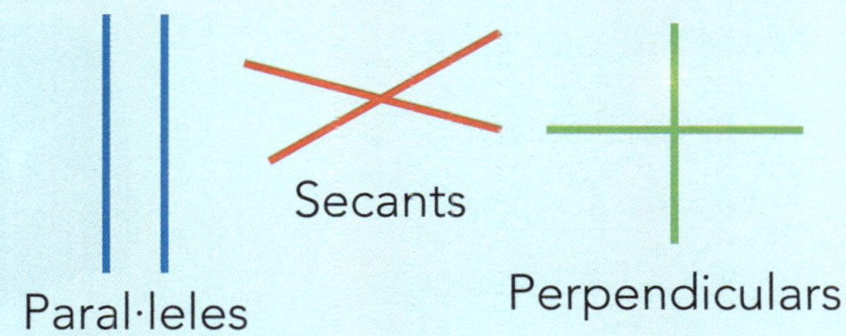

La recta que divideix un angle en dues parts iguals és la bisectriu.

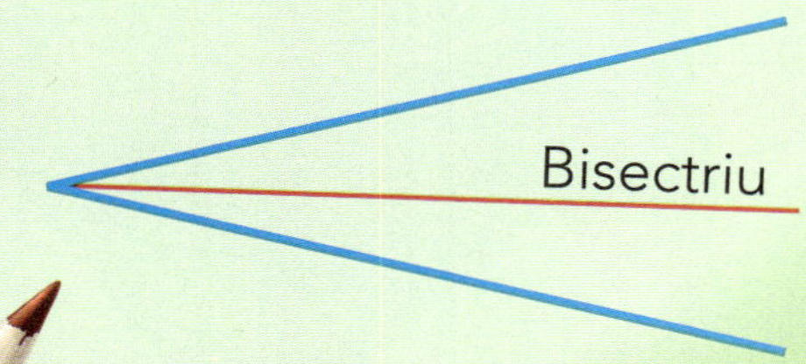

La recta perpendicular a un segment que el divideix en dues parts iguals és la mediatriu.

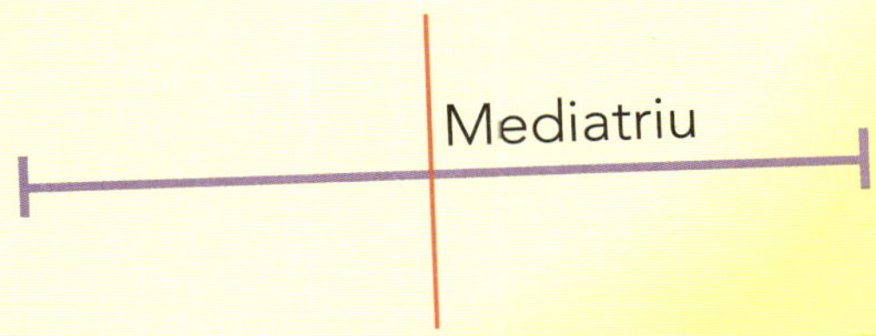

Hi ha diferents tipus d'angles segons la seva obertura:

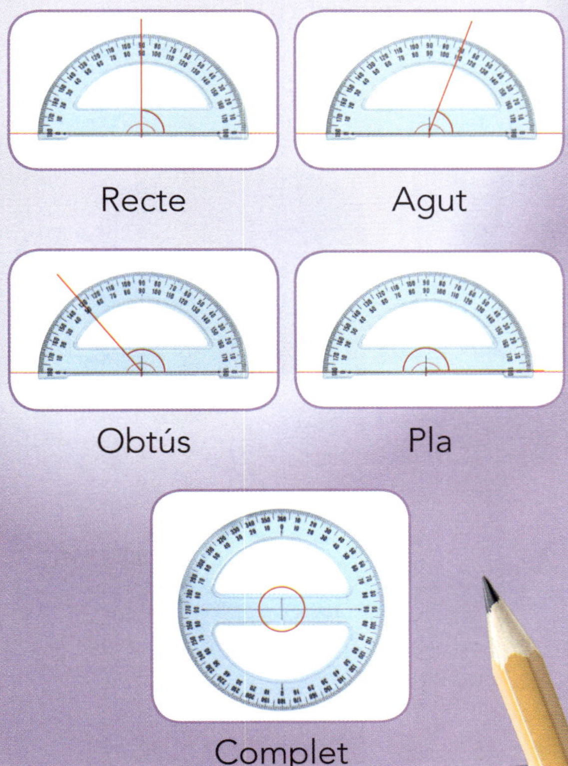

Una imatge pot ser simètrica i pot tenir més d'un eix de simetria.

Els girs s'expressen en graus i es representen amb angles.

Per multiplicar per 5, multipliquem per 10 i dividim entre 2.
Per dividir entre 5, dividim entre 10 i multipliquem per 2.

LES MATEMÀTIQUES ARREU DEL MÓN

1. Formeu grups de quatre o cinc alumnes per fer un treball cooperatiu. Haureu de buscar informació de com es **multiplica** en altres cultures. Prepareu una exposició per explicar-ho a la resta de la classe.

2. **Material per grup**
   - Un ordinador
   - Material específic per a l'exposició: cartolines, fotos, càmeres...

3. **Procediment**
   - Plantegeu-vos què cal fer, quan i com.
   - Repartiu-vos les tasques i feu-vos responsables de la part que us toqui.
   - Respecteu-vos i ajudeu-vos quan calgui.

BARCANOVA EDITORIAL

PETITS CONSELLS

- Escolliu una operació i un algorisme diferent del nostre. (Comproveu que entre els diversos grups no n'hi hagi cap de repetit.)
- Expliqueu, amb diferents passos, el procés que se segueix per resoldre la multiplicació escollida.
- Podeu preparar una exposició amb algun programa de presentacions, com ara PowerPoint, Prezi, LibreOffice Impress, etc.

4. Feu un debat per tal de valorar els avantatges i els inconvenients que comporten els mètodes exposats.

4 Mesurem a ull o amb precisió

Què farem?

- Nombres més petits que la unitat.
- Suma i resta de nombres decimals.
- Arrodonir nombres decimals.
- Longitud, massa i capacitat.
- Estratègies de càlcul: multiplicar per 0,5 i per 0,25.

250 g
Taronges
1,49 €/kg
COM S'HO FAN PER MESURAR EN ELS DIFERENTS OFICIS?

UNITAT 4

Pàg. 67

Nombres més petits que la unitat

Quatre germans s'han repartit una quantitat de diners i, de moment, els han tocat 15 € a cada un. Ara els sobren 3 € que s'han de repartir. Com ho faríeu?

Cada un ho calcula a la seva manera:

Opció 1

Tocarà una moneda de 50 cèntims, una de 20 i una de 5. Per tant, 75 cèntims a cada un.

Opció 2

Jo sé que 3 € són 300 cèntims. 300 cèntims sí que els puc repartir entre 4.

300	4	
− 200	50	4 × 50 = 200
100		
− 100	+ 25	4 × 25 = 100
0	75 r0	

Tocaran 75 cèntims a cada un.

Opció 3

Hem de repartir 3 € entre 4. Amb la calculadora divideixo 3 entre 4. Toquen 0,75 € a cada un.

Opció 4

Si suposem que tenim 3 monedes d'1 €, ens podem imaginar que les partim en 4 parts, ja que cada euro s'ha de repartir entre 4 persones.

Quedaria de la manera següent:

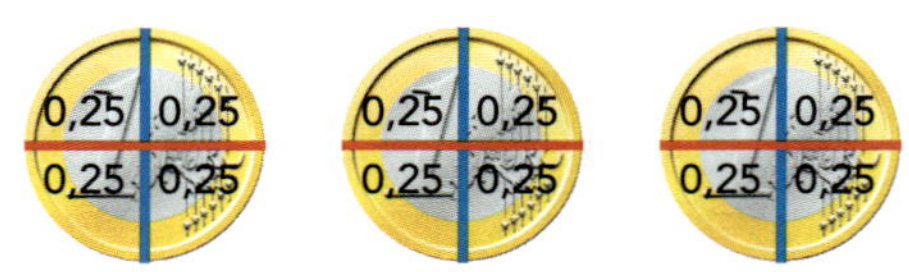

$$\frac{1}{4} + \frac{1}{4} + \frac{1}{4} = \frac{3}{4}$$

$$0,25 + 0,25 + 0,25 = 0,75$$

El resultat que m'ha donat és 0,75.

- A tots els ha donat el mateix?
- Com ho explicaríeu?

BARCANOVA EDITORIAL

Pàg. 69

Els nombres decimals

Un **nombre decimal** és aquell que està format per una **part entera** i una **part decimal**, separades per una coma. La part decimal sempre representa un valor més petit que la unitat.

1,41 m

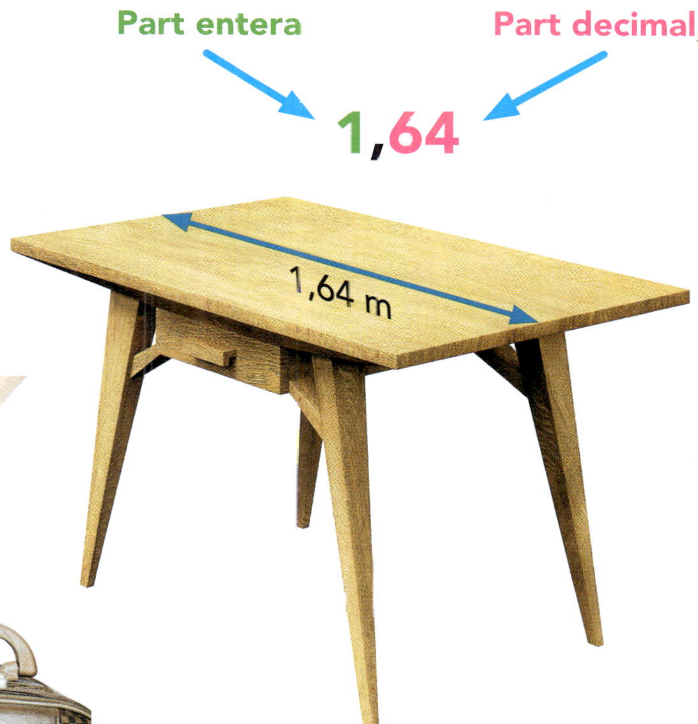

1,80 kg

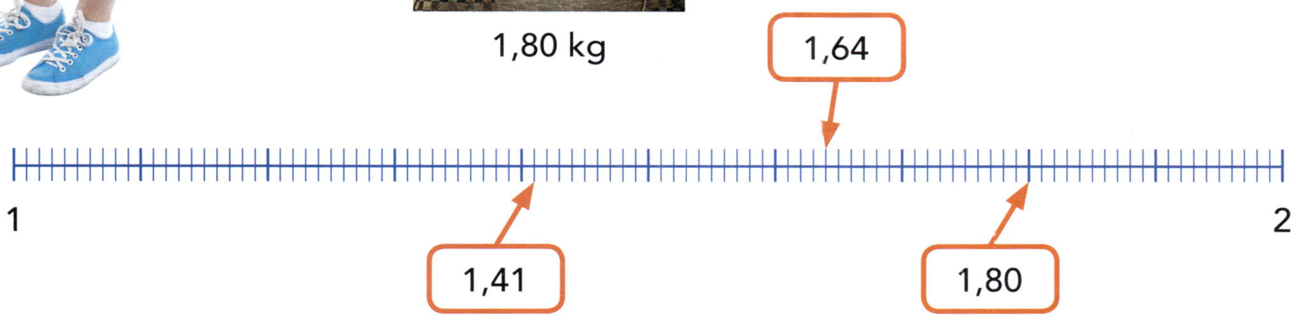

Observeu els nombres que es veuen en aquestes imatges. Què tenen en comú?

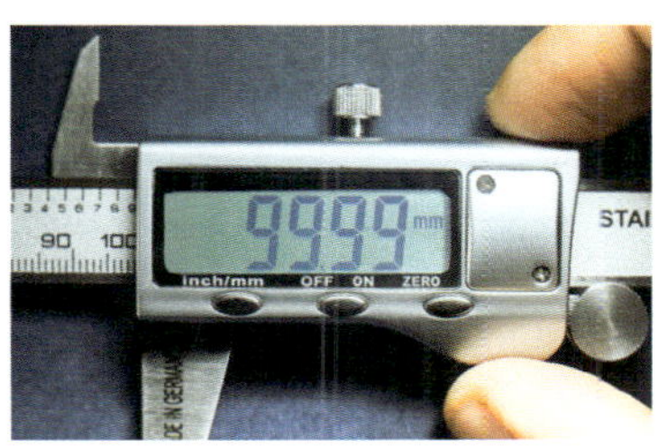

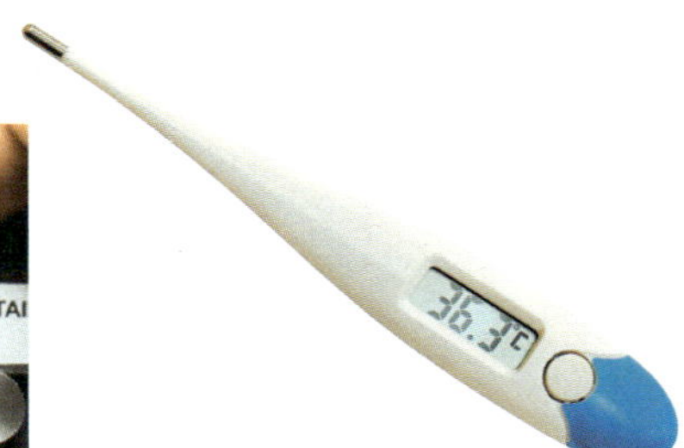

Dècimes, centèsimes i mil·lèsimes

Per representar gràficament la llargada de la taula, que fa 1,64 m, ho podem fer de la manera següent:

1 metre = 1 unitat

6 dècimes → Sis desens = $\frac{6}{10}$ = 0,6

4 centèsimes → Quatre centens = $\frac{4}{100}$ = 0,04

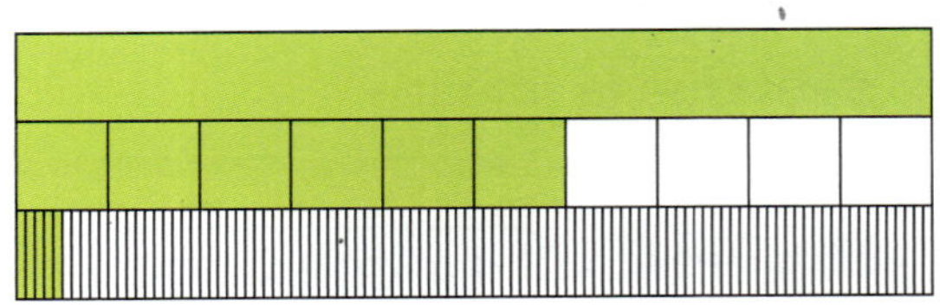

- Fixeu-vos en els temps obtinguts pels quatre pilots més ràpids en la cursa del Gran Premi de Catalunya de Moto GP de 2017, que va tenir lloc al circuit de Montmeló. Com que hi ha molt poca diferència entre els temps obtinguts, cal ser molt precisos; per això, a part dels minuts i els segons també s'utilitzen les dècimes, les centèsimes i les mil·lèsimes de segon.

Posició	Pilot	Equip	Temps / Diferència
1r	Andrea DOVIZIOSO	Ducati	44'41"518
2n	Marc MÁRQUEZ	Repsol Honda	a 3"544
3r	Dani PEDROSA	Repsol Honda	a 6"774
4t	Jorge LORENZO	Ducati	a 9"608

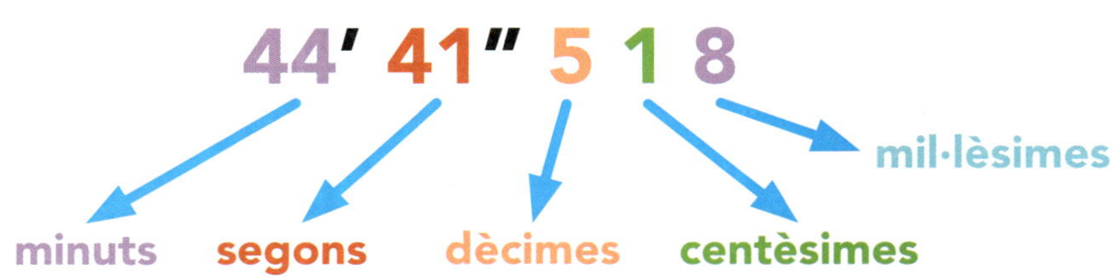

5 dècimes → cinc desens = $\frac{5}{10}$ = 0,5

1 centèsima → un centè = $\frac{1}{100}$ = 0,01

8 mil·lèsimes → vuit unitats de mil = $\frac{8}{1.000}$ = 0,008

BARCANOVA EDITORIAL

Pàg. 70

Comparem i ordenem nombres decimals

Aquests van ser els 15 primers classificats en el concurs complet per equips del Campionat del Món de Gimnàstica Rítmica de 2017 celebrat a Pesaro (Itàlia).
(Atenció! No estan ordenats.)

	Equips	Puntuació
	Alemanya	31,200
	Japó	36,650
	Estats Units	32,250
	Xina	34,250
	Espanya	30,650
	Rússia	37,700
	França	33,050
	Bulgària	36,950
	Ucraïna	35,600
	Bielorússia	36,425
	Uzbekistan	32,525
	Azerbaidjan	35,450
	Itàlia	36,625
	Finlàndia	32,350
	Brasil	31,700

COM HO PUC FER PER ORDENAR NOMBRES DECIMALS?

- Mireu com es col·loquen els diferents equips en una recta numèrica en funció de les seves puntuacions. Sabríeu afegir-hi els que hi falten?

PER ORDENAR NOMBRES DECIMALS, PRIMER COMPAREM LA PART ENTERA I DESPRÉS LA DECIMAL. SEMPRE COMENCEM A COMPARAR PER L'ORDRE D'UNITATS MÉS GRAN.

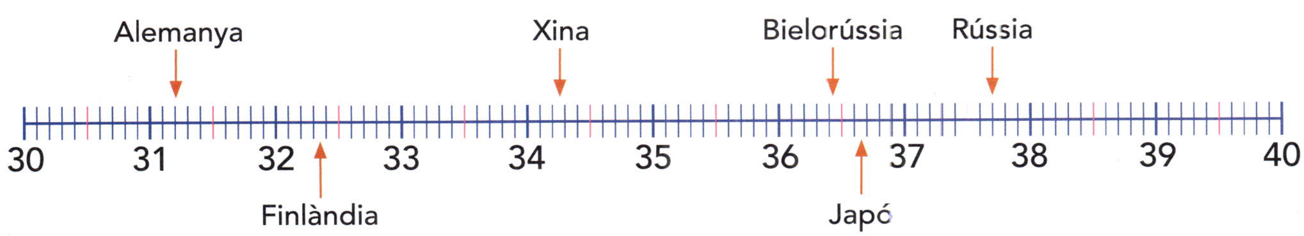

- Quins tres equips han obtingut una medalla?

UNITAT 4

Pàg. 72

Suma i resta de nombres decimals

En Miquel té 15,62 € i l'Olga té 23,75 €. Podran comprar entre tots dos un joc d'escacs que val 39,25 €?

A

```
   1 5 , 6 2
 + 2 3 , 7 5
 -----------
   3 0 , 0 0   10 € i 20 € fan 30 €
     8 , 0 0   5 € i 3 € fan 8 €
     1 , 3 0   60 cèntims i 70 cèntims fan 130 cèntims, que és igual que 1,30 €
 +   0 , 0 7   2 cèntims i 5 cèntims fan 7 cèntims, que és igual que 0,07 €
 -----------
   3 9 , 3 7
```

B

```
       1
   1 5 , 6 2
 + 2 3 , 7 5
 -----------
   3 9 , 3 7
```

- Què significa l'1 de color vermell de la suma B?

La Roser i en Manel són a la cua del supermercat. Ella ha de pagar 45,78 €, però té un val de descompte de 2,50 €. Ell ha de pagar 56,41 €, però té un val de 3,23 €. Quant pagarà cada un?

```
   4 5 , 7 8        5 6 , 4 1
 –     2 , 5 0    –     3 , 2 3
 -----------      -------------
   4 3 , 2 8        5 3 , 1 8
```

EM DESCANVIO PER 10 MONEDES D'UN CÈNTIM.

41 – 23 = 18
0,41 – 0,23 = 0,18

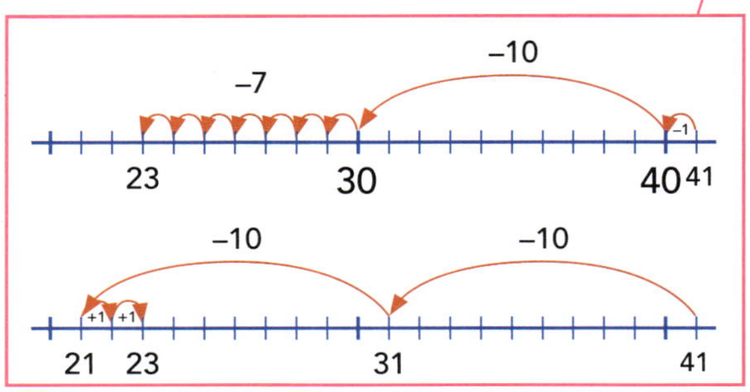

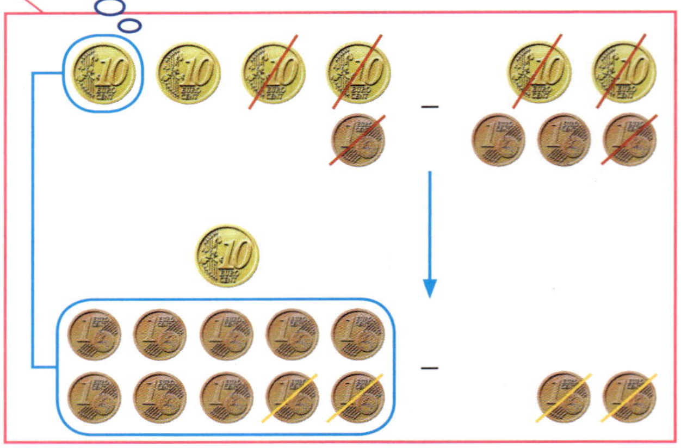

Quan sumem o restem nombres decimals, hem d'escriure un nombre a sota de l'altre fent coincidir la coma i les xifres del mateix ordre.

UNITAT 4

BARCANOVA EDITORIAL

Pàg. 74

Arrodonim nombres decimals

Observeu la recta numèrica i els nombres decimals que hi hem indicat:

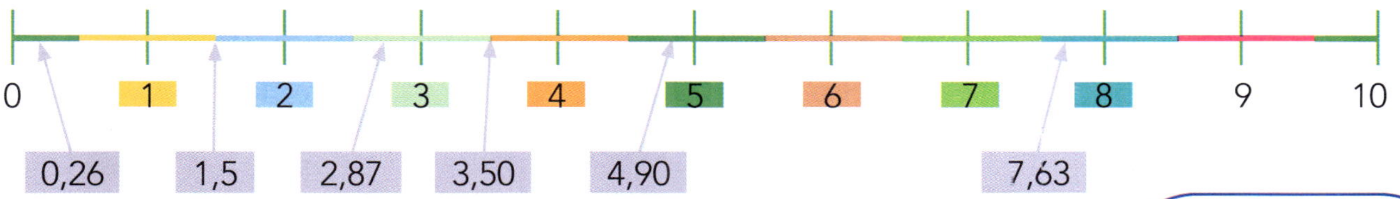

- L'1,50, de quin nombre enter és més a prop?

Fixeu-vos ara en el preu d'aquesta samarreta i en les diferents maneres de representar-lo.

a) Representació gràfica.

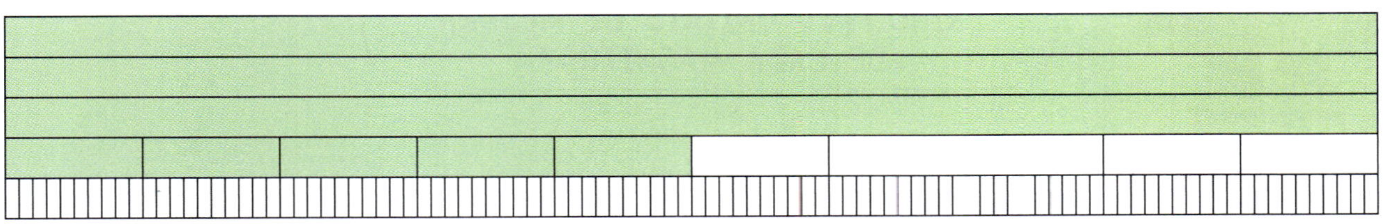

b) En la calculadora pot sortir 3,50 o 3,5.

c) Amb euros.

UNITAT 4

Unitats de mesura

Amb quina mesura relacionaríeu cada imatge? Per què?

1,5 ℓ | 14,5 cm | 25 m | 200 mℓ | 3.500 g | 3 km | 1,40 m | 1.200 kg

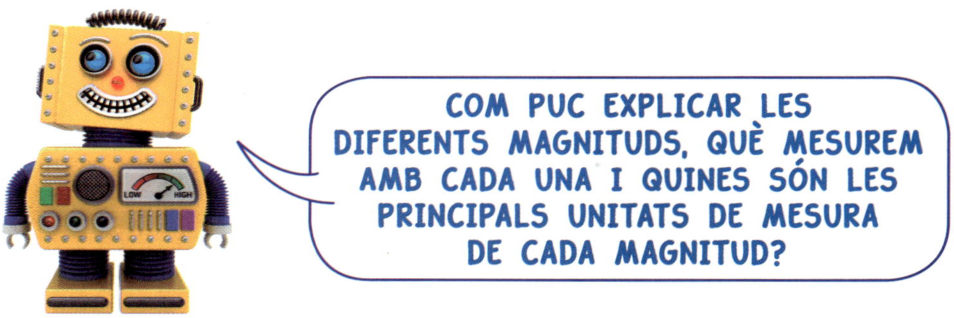

D'unitats de mesura n'hi ha diverses i les podem agrupar en tres tipus segons el que mesurem:

LONGITUD	MASSA	CAPACITAT
cm	cg	cℓ
km	kg	kℓ
m	g	ℓ
hm	dag	hℓ
dm	hg	dℓ
dam	mg	daℓ
mm	dg	mℓ

Pàg. 78

Relacions entre unitats de mesura

La bicicletada

Quina relació hi ha entre aquestes dues mesures?

Quin dels dos duia més aigua?

Quin dels dos ha portat més pes?

- En Gerard i la Joana han recorregut la mateixa distància expressada en diferents unitats.
- Com podem dir 50 cl utilitzant una altra unitat de mesura?
- A què equival mig quilo?
- Sabríeu una altra manera de dir $\frac{1}{2}$ km? I 1 litre?

m	cm
1,00	100
2,00	200
1,40	140
0,1	10

km	m
1	1.000
2	2.000
1,5	1.500
2,5	2.500

kg	g
1	1.000
2	2.000
1,50	1.500
0,50	500

ℓ	cℓ
1	100
0,50	50
0,33	33
0,75	75

cℓ	mℓ
1	10
0,50	5
33	330
0,75	7,5

g	mg
1	1.000
20	20.000
0,001	1
0,02	20

- Observeu les taules anteriors. Què indiquen les fletxes en cada cas?
- Quines conclusions en podeu treure?
- Comproveu si les regularitats que heu trobat en les taules es compleixen en aquest esquema:

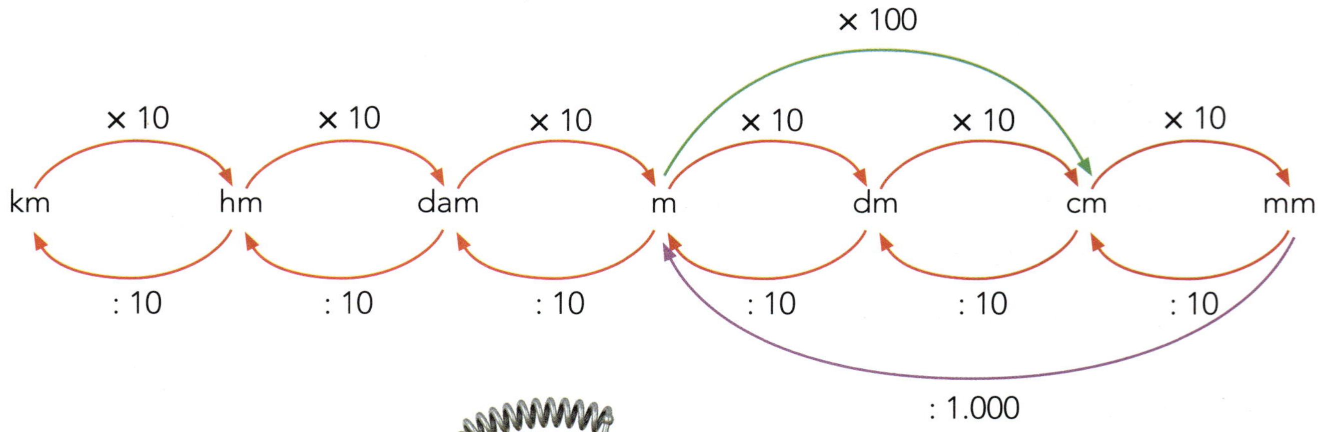

Pàg. 80

ESTRATÈGIES DE CÀLCUL

Multiplicar per 0,5 i per 0,25

És més fàcil del que sembla!

- Quants euros tenim?

a) 50 cèntims són 0,50 €. Si volem saber quants euros tenim, haurem de multiplicar: **26 × 0,50 = …**

b) Resoldrem: **26 × 0,50 = 13**

c) Resposta: **tenim 13 €.**

- Quants litres de suc de pastanaga tinc, si sé que en cada got n'hi ha 0,25 ℓ?

a) Si vull saber quants litres de suc tinc, hauré de multiplicar: **32 × 0,25 = …**

b) Ho resolc: **32 × 0,25 = 8**

c) Resposta: **tinc 8 litres de suc.**

Fixa't què passa:

26 monedes de 0,50 són 13 €.
Quina relació hi ha entre el 26 i el 13?
32 gots de 0,25 ℓ són 8 ℓ.
Quina relació hi ha entre el 32 i el 8?

PROBLEMES

Utilitza la mateixa unitat de mesura!

El xarcuter ha despatxat a l'Ester 250 g de pernil dolç. És correcte?

POSI'M $\frac{1}{4}$ DE QUILO DE PERNIL DOLÇ.

1 kg = 1.000 g $\frac{1}{4}$ kg = 250 g

La família Gallifa s'ha begut la llet que falta a l'ampolla. Quina part del total han begut? Quants mℓ són?

HEM BEGUT $\frac{3}{4}$ PARTS, QUE SÓN 750 mℓ.

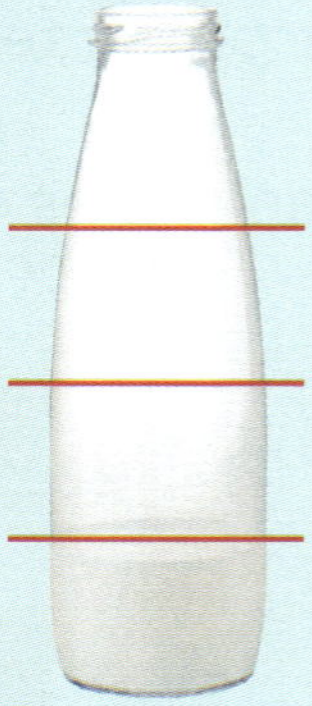

1 ℓ = 1.000 mℓ $\frac{3}{4}$ ℓ = 750 mℓ

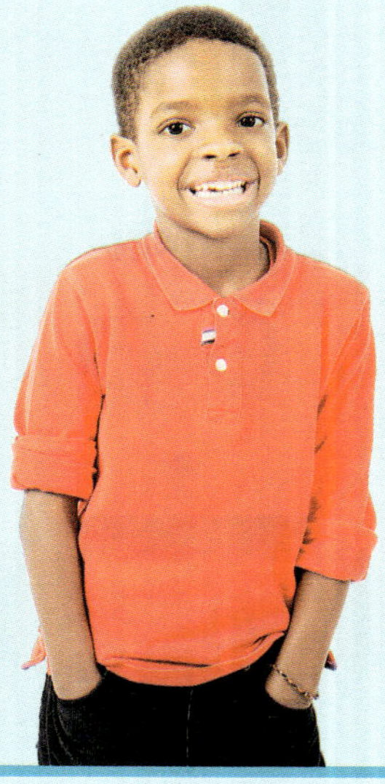

L'Esteve ha embolicat dos regals i li falta posar-hi els llaços. Quants centímetres de cinta utilitzarà per a cada regal?

AGAFARÉ LA MEITAT $\left(\frac{1}{2}\right)$ DE LA CINTA PER A CADA REGAL. SÉ QUE 1 m SÓN 100 cm. PER TANT, AGAFARÉ 50 cm PER A CADA REGAL.

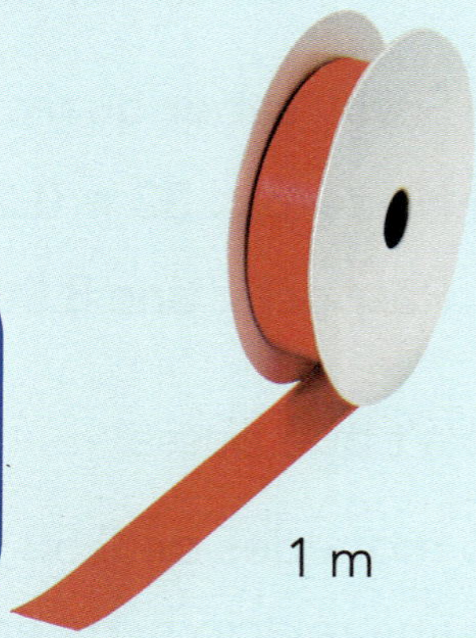

1 m = 100 cm 100 cm : 2 = 50 cm

BARCANOVA EDITORIAL

LES PROPORCIONS DEL COS

Mesura les següents parts del teu cos per poder trobar relacions entre unes i altres:

1. Alçada.
2. Distància que hi ha des de la punta del dit del mig de la mà dreta fins a la punta del dit del mig de la mà esquerra, amb els braços estesos formant una creu.
3. Colze: distància que hi ha des de la punta dels dits fins al colze, per la banda de fora.
4. Pam: distància que hi ha entre la punta del dit polze i l'extrem del dit petit tenint la mà oberta i els dits estesos.
5. Palma: distància que hi ha des del dit petit fins al polze, amb els dits junts.

Sabríeu trobar les equivalències que hi ha entre les mesures següents?

a) Entre l'alçada i els braços estirats.

b) Entre els braços estirats i el colze.

c) Entre el colze i el pam.

d) Entre el pam i la palma.

Antigament les mares, quan anaven a comprar mitjons per a un fill, li posaven el mitjó al voltant del puny per saber si la mida era la correcta. Per què? Comprova-ho.

EL REPTE

Hem anat a uns magatzems a comprar fustes per fer una prestatgeria. Aparquem el cotxe al pàrquing a les 9.45 h. Un cop a dins, agafem el catàleg, que teniu més avall, per mirar quin tipus de fustes són les més adequades.

- La paret fa 1,90 m d'amplada i volem que la prestatgeria vagi de punta a punta i tingui 3 prestatges. Quantes posts necessitem? Quines mides poden tenir? Quin és el preu aproximat de cada combinació?
- Quina compra faries tu? És la més econòmica? Justifica les teves respostes.

Pel mateix preu tallem les fustes a mida.

Post enllistonat avet Ref. 81128405 / Rees Mides (mm): 2.000 × 250 × 18	**10,95 €**
Post enllistonat avet Ref. 81128450 / Rees Mides (mm): 2.000 × 200 × 22	**10,95 €**
Post enllistonat avet Ref. 81104000 / Rees Mides (mm): 1.250 × 400 × 18	**11,95 €**
Post enllistonat avet Ref. 81128453 / Rees Mides (mm): 2.000 × 250 × 22	**12,95 €**

TARIFES P

1 hora .... 2,89 €
Nit (21.00 h - 9.00 h) .. 17,25 €
De 13 a 24 hores .... 37,45 €

Dia o fracció .... 1,20 €

OBERT 24 h

- Quan hem validat el tiquet del pàrquing hem pagat 8,67 €. A quina hora hem sortit, aproximadament?
- Quan marxàvem, hem trobat el veí, que només portava 10 € per pagar el pàrquing. Si hi ha deixat el cotxe aparcat durant 4 hores, n'haurà tingut prou?

HE APRÈS...

Els nombres decimals ens permeten parlar de parts més petites que la unitat.

Els nombres decimals tenen una part entera i una part decimal, separades per una coma.

Part entera → **1,64** ← **Part decimal**

Els nombres decimals es poden ordenar tenint en compte la part entera i la part decimal (dècimes, centèsimes i mil·lèsimes).

44' 41" 5 1 8

minuts · **segons** · **dècimes** · **centèsimes** · **mil·lèsimes**

Els nombres decimals els podem arrodonir a l'enter més pròxim. Els nombres 3,50 i 3,5 signifiquen el mateix.

Quan sumem i restem nombres decimals ho podem fer de diferents maneres. La coma sempre la mantenim darrere de les unitats.

```
   1 5 , 6 2
 + 2 3 , 7 5
 -----------
   3 0 , 0 0
     8 , 0 0
     1 , 3 0
 +   0 , 0 7
 -----------
   3 9 , 3 7
```

Una mateixa mesura es pot expressar de maneres diferents.

5.000 metres = 5 quilòmetres

Hem treballat amb tres magnituds diferents: **longitud** per mesurar alçades i llargades, **capacitat** per mesurar els volums dels líquids i **massa** per mesurar el pes.

Per passar d'una unitat a una altra es multiplica o es divideix per la unitat seguida de zeros.

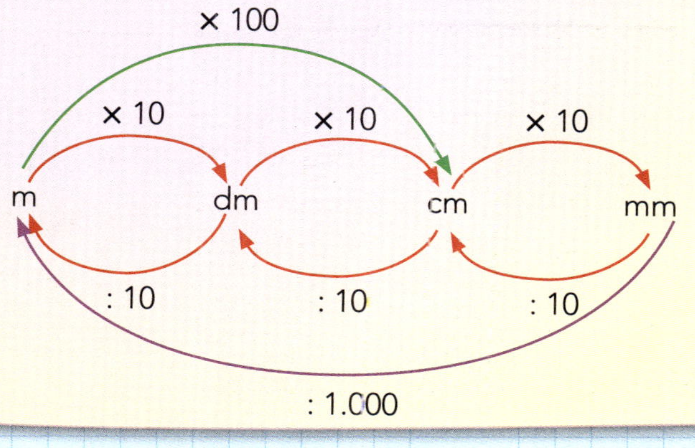

Multiplicar per 0,50 és fer la meitat, i multiplicar per 0,25 és dividir entre 4.

UNITAT 4

5 Les formes en el món

Què farem?

- Classificar i formar polígons.
- Angles de triangles i quadrilàters.
- Composicions geomètriques. Mosaics.
- Transformacions geomètriques. Tangrams.
- Estratègies de càlcul: multiplicar per 11.

Fixa't en les formes poligonals d'aquest rusc.

Pàg. 87

Polígons

Un **polígon** és una figura plana, tancada i limitada per segments.

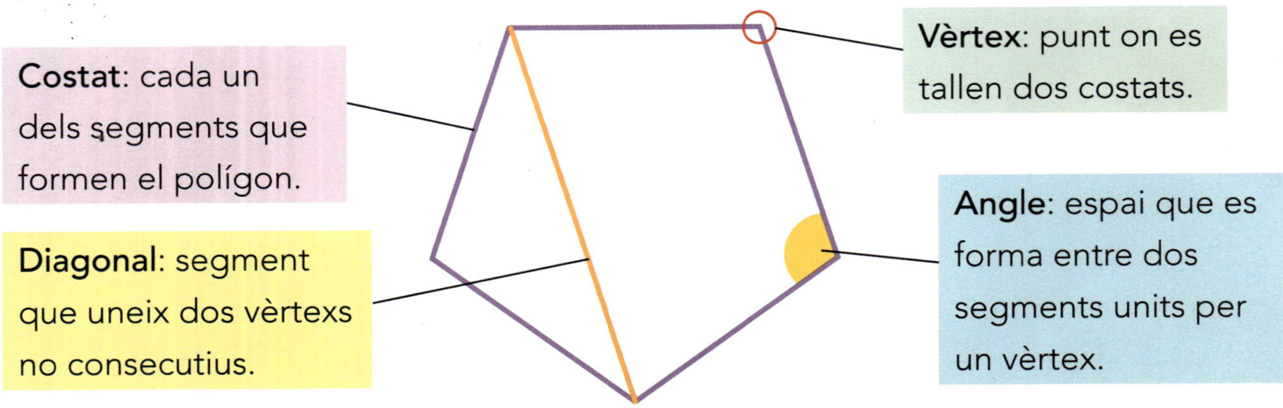

	Polígons
Regular / irregular	Un polígon és regular quan té tots els costats i tots els angles iguals, i és irregular quan els costats o els angles no són tots iguals.
Nombre de costats	Segons el nombre de costats, els polígons reben noms diferents: triangle (3), quadrilàter (4), pentàgon (5), hexàgon (6), heptàgon (7), octàgon (8), enneàgon (9), decàgon (10), hendecàgon (11) i dodecàgon (12).
Còncau	Com a mínim un dels angles interiors fa més de 180°.
Convex	Cada un dels angles interiors fa menys de 180°.

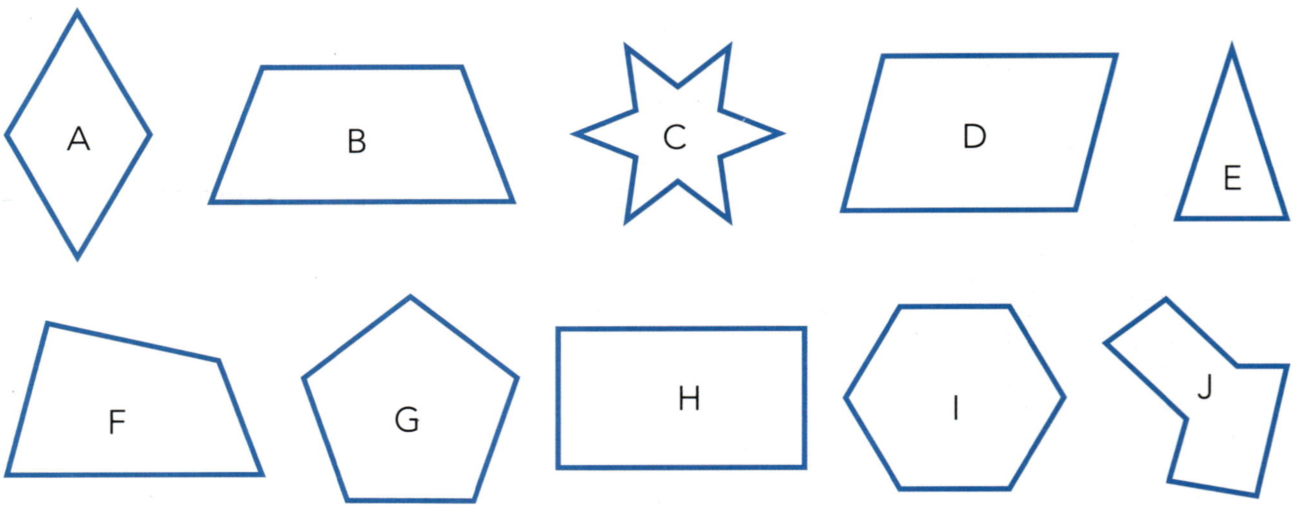

- Segons el quadre de teoria, sabríeu dir les característiques d'aquests polígons?

BARCANOVA EDITORIAL

Pàg. 89

Tipus de polígons: triangles

Observeu aquestes imatges i fixeu-vos en els triangles. Busqueu semblances i diferències.

Catedral de Tromso (Noruega).

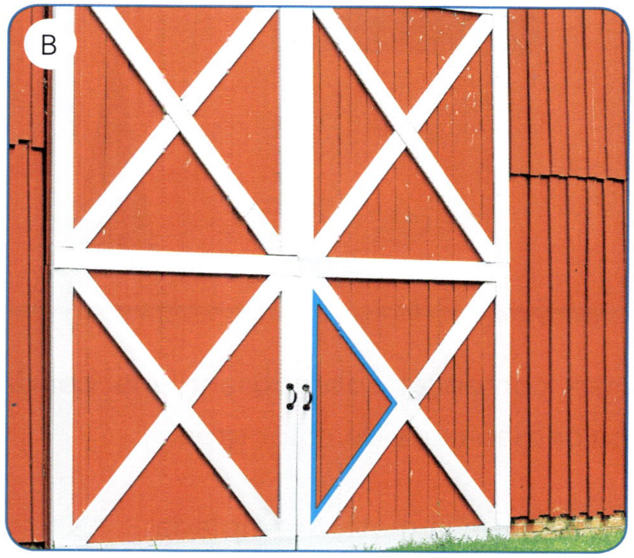

Porta amb figures triangulars.

Casa de camp amb figures triangulars a la façana.

Instal·lacions del Màgic Badalona. Edifici esfèric amb figures triangulars.

Els triangles es poden classificar segons els costats i/o segons els angles.

Segons els costats

Equilàter: tres costats iguals.

Isòsceles: dos costats iguals.

Escalè: cap costat igual.

Segons els angles

Obtusangle: un angle obtús.

Acutangle: tots els angles aguts.

Rectangle: un angle recte.

- Sabríeu dir com són els triangles marcats en les imatges, segons els costats i segons els angles?

Pàg. 91

Tipus de polígons: quadrilàters

L'Agustí i en Marc juguen amb diferents tires de paper de cel·lofana.

Banda: regió limitada per dues rectes paral·leles.
Regió angular: regió limitada per dues rectes secants.

Per saber els noms dels polígons, mireu l'esquema de la pàgina següent.

Han començat sobreposant una banda de color blau i una de color groc.

a) Si tenen la mateixa amplada...
- Quin polígon, de color verd, els sortirà quan sobreposin les bandes obliquament?
- I quan les sobreposin perpendicularment?
- Quina mena de polígon els surt en tots els casos?

b) Si tenen diferent amplada...
- Quin polígon, de color verd, els sortirà quan sobreposin les bandes obliquament?
- I quan les sobreposin perpendicularment?
- Quina mena de polígon els surt en tots els casos?

c) Amb una banda i una regió angular...
- Quin quadrilàter els sortirà? Com són els costats?

d) I amb dues regions angulars?
- Tenen algun costat paral·lel? Per què?

BARCANOVA EDITORIAL

Els quadrilàters es classifiquen en tres grans grups:

Tipus de quadrilàters

- **Paral·lelograms**
  Els costats oposats són paral·lels.
  - **Quadrat**
    4 costats iguals.
    4 angles rectes.

  - **Rectangle**
    Costats iguals dos a dos.
    4 angles rectes.

  - **Rombe**
    4 costats iguals.
    2 angles aguts i 2 obtusos.

  - **Romboide**
    Costats iguals dos a dos.
    2 angles aguts i 2 obtusos.

- **Trapezis**
  Tenen un parell de costats paral·lels i els altres dos no.

- **Trapezoides**
  No tenen cap costat paral·lel.

Pàg. 92

Construïm polígons amb triangles

NECESSITEM

Triangles de diferents tipus

PAS A PAS

Amb els triangles equilàters intenta construir els polígons següents:

Amb 2 triangles

Amb 3 triangles

Amb 4 triangles

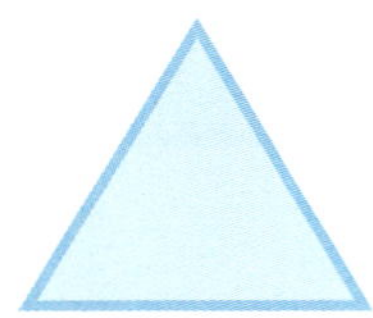

Construeix tot tipus de quadrilàters fent servr només triangles. Exemples:

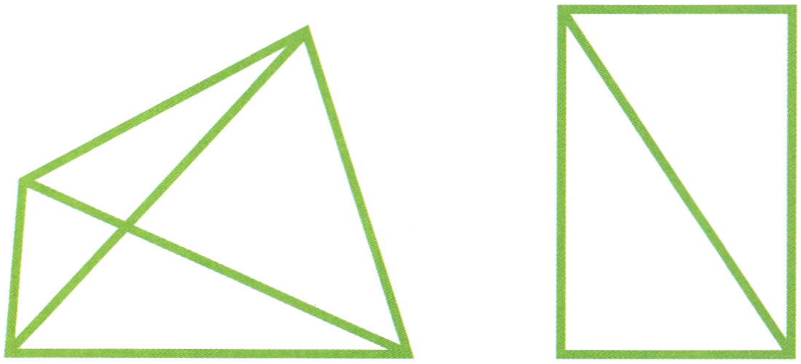

Sumem els angles dels polígons

Triangle

NECESSITEM

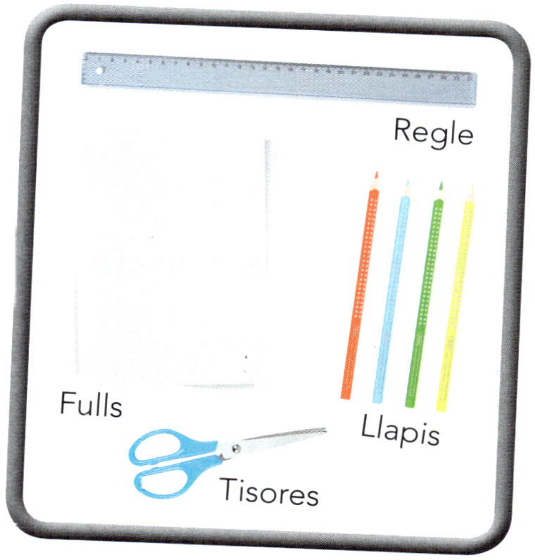

PAS A PAS

Construeix un triangle del tipus que vulguis en un full de paper i retalla'l. Pinta-hi els tres angles i doblega'l com mostra la imatge de manera que els tres vèrtexs coincideixin en un punt. Quant sumen els angles? Tots heu obtingut el mateix resultat?

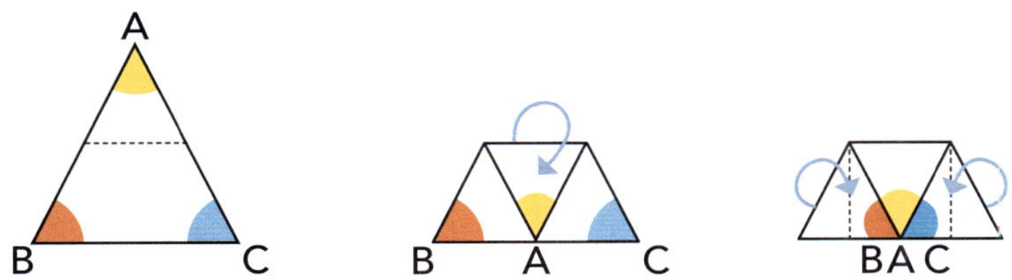

Quadrilàter

PAS A PAS

Quant sumen els angles d'un quadrilàter? Hi ha diferents maneres de saber-ho:

a) Es poden retallar els angles dels quadrilàters i unir els vèrtexs.

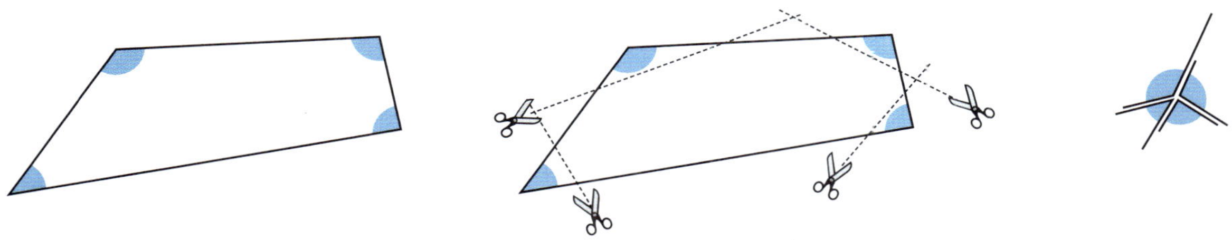

b) Hi ha un polígon del qual ja coneixeu el valor de la suma dels seus angles. Això us pot ajudar?

Per saber quina és la suma dels angles d'un quadrilàter es pot triangular, és a dir, fer triangles del quadrilàter amb el mínim nombre de triangles possible.

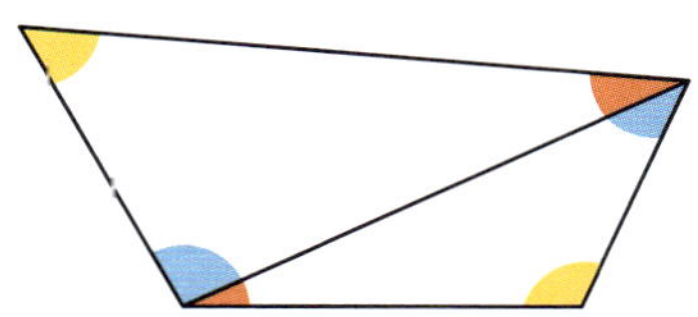

En el cas dels quadrilàters, el mínim nombre de triangles possible és dos; per tant, la suma dels angles d'un quadrilàter serà: $180 \times 2 = 360°$.

- La suma dels angles d'un quadrilàter qualsevol és sempre 360°?
- I els angles d'un pentàgon, quant sumen?
- Què cal fer per saber el mínim de triangles que es formen en un pentàgon?

PDI

Dibuixem polígons

NECESSITEM

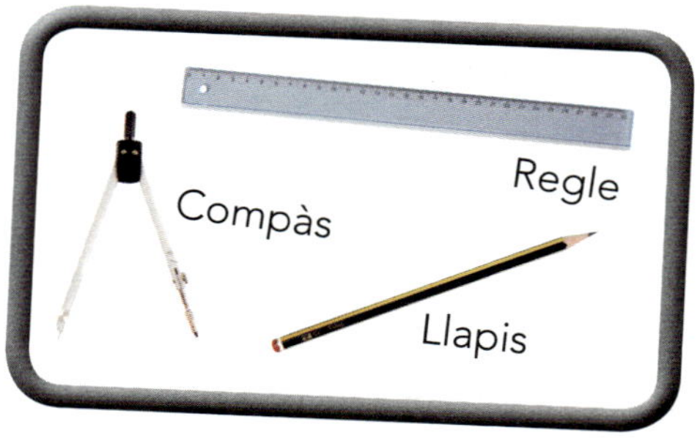

PAS A PAS

Triangles a partir de tres segments

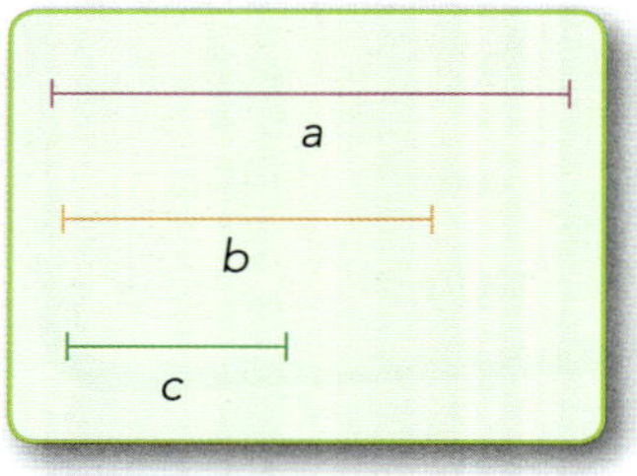

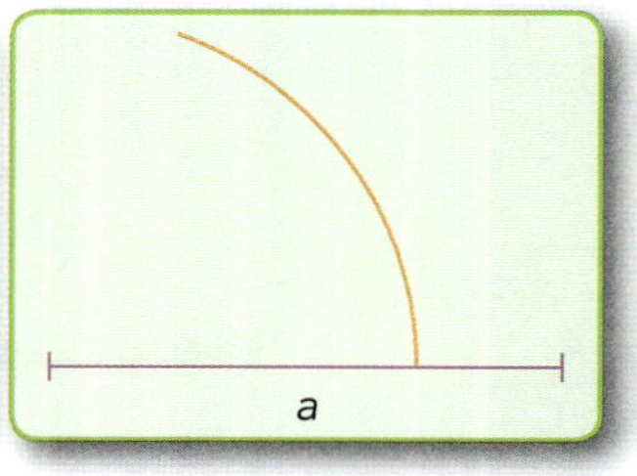

Dibuixa el segment *a*. Pren la mesura del segment *b* amb el compàs. Sense moure'l, col·loca el compàs sobre un extrem de *a* i traça un arc.

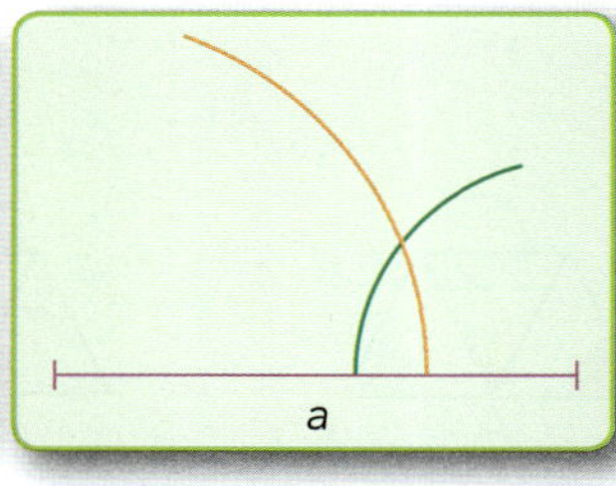

Fes el mateix amb el segment *c*, col·locant el compàs en l'extrem oposat de *a*.

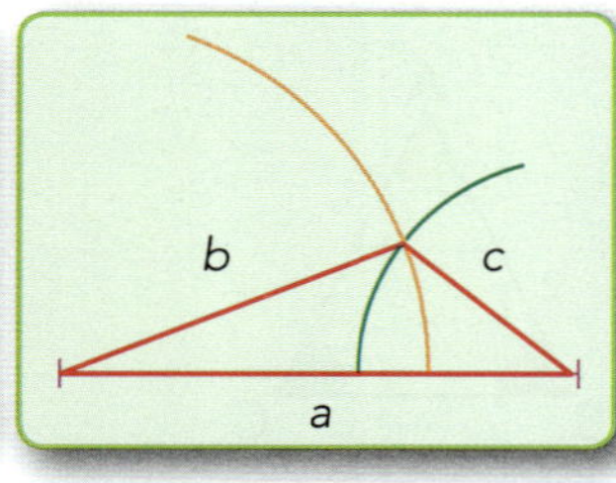

Uneix cada extrem del segment amb el nou punt que es forma amb la intersecció dels dos arcs.

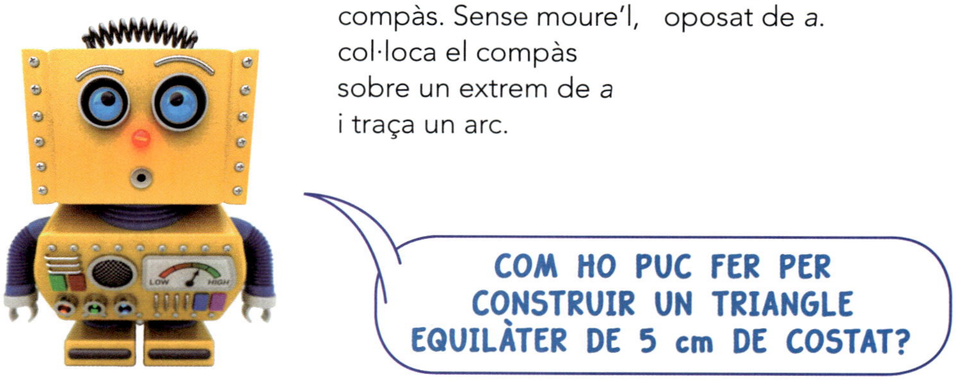

Quadrat

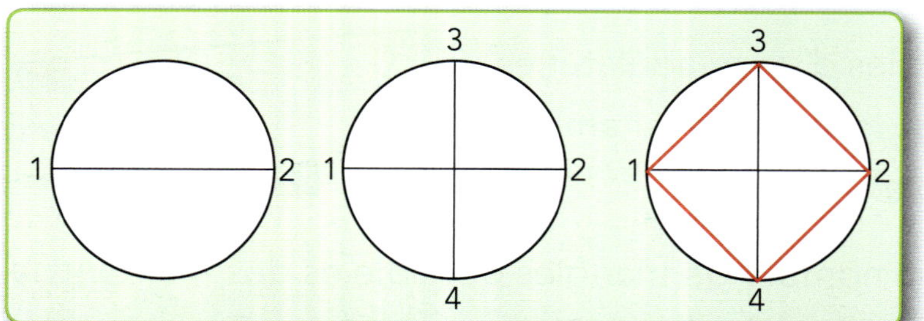

Traça una circumferència i un dels seus diàmetres i marca els punts 1 i 2.
Traça la mediatriu del diàmetre i marca els punts 3 i 4.
Uneix els punts consecutius per mitjà de segments.

Hexàgon

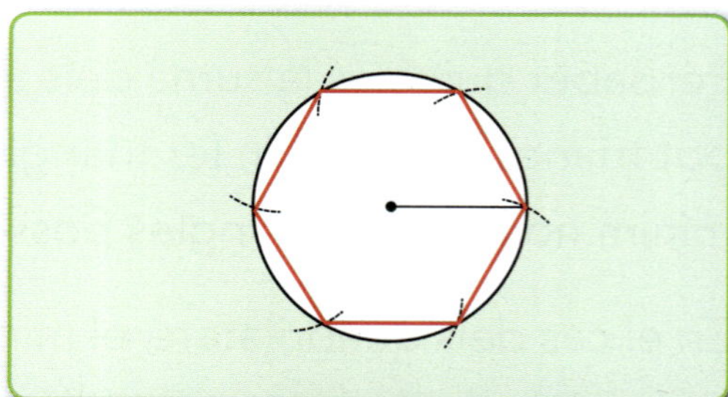

Traça una circumferència. Dibuixa-hi el radi. Amb el compàs, marca la mesura del radi sis vegades en la circumferència. Uneix tots els punts amb el regle.

Pàg. 97

Composicions geomètriques. Mosaics

En Quim i l'Ester estan muntant una botiga i els agradaria donar-hi un toc de color posant mosaic a les parets. Tenen diferents tipus de mosaics per triar.

L'Ester s'ha encapritxat que vol el mosaic amb formes geomètriques i, concretament, amb quadrats i triangles; fixeu-vos que en pot formar de diferents:

Pàg. 99

Transformacions geomètriques. Tangrams

- Quines diferències observeu entre els dos tipus de tangram?

Fixeu-vos en les imatges següents i discutiu amb quin dels dos tangrams es poden haver construït. Justifiqueu-ho.

Pàg. 100

ESTRATÈGIES DE CÀLCUL

Multiplicar per 11

L'avi Pasqual i l'àvia Enriqueta volen convidar tota la família a un espectacle de teatre aquest diumenge. Si l'entrada a l'espectacle val 26 € i a la família són 11 de colla, quant hauran de pagar?

Observa com ho resol la Judit:

$$26 \times 11 = 26 \times (10 + 1) = \begin{array}{r} 26 \times 10 = \ 2\ 6\ 0 \\ 26 \times \ \ 1 = +\ \ \ \ 2\ 6 \\ \hline 2\ 8\ 6 \end{array}$$

Si el nombre que vols multiplicar és de dues xifres i la suma d'aquestes és inferior a 10, mira com ho pots fer!

$$26 \times 11 = 2\mathbf{8}6$$

$$2 + 6 = \mathbf{8}$$

Fixa't que es tracta d'escriure el nombre que cal multiplicar i al mig afegir-hi la suma de les dues xifres que el formen.

Observa l'operació següent i podràs entendre per què funciona aquesta manera de resoldre aquestes multiplicacions.

$$\begin{array}{r} 2\ 6 \\ \times\ 1\ 1 \\ \hline 2\ 6 \\ +\ 2\ 6\ 0 \\ \hline 2\ 8\ 6 \end{array}$$

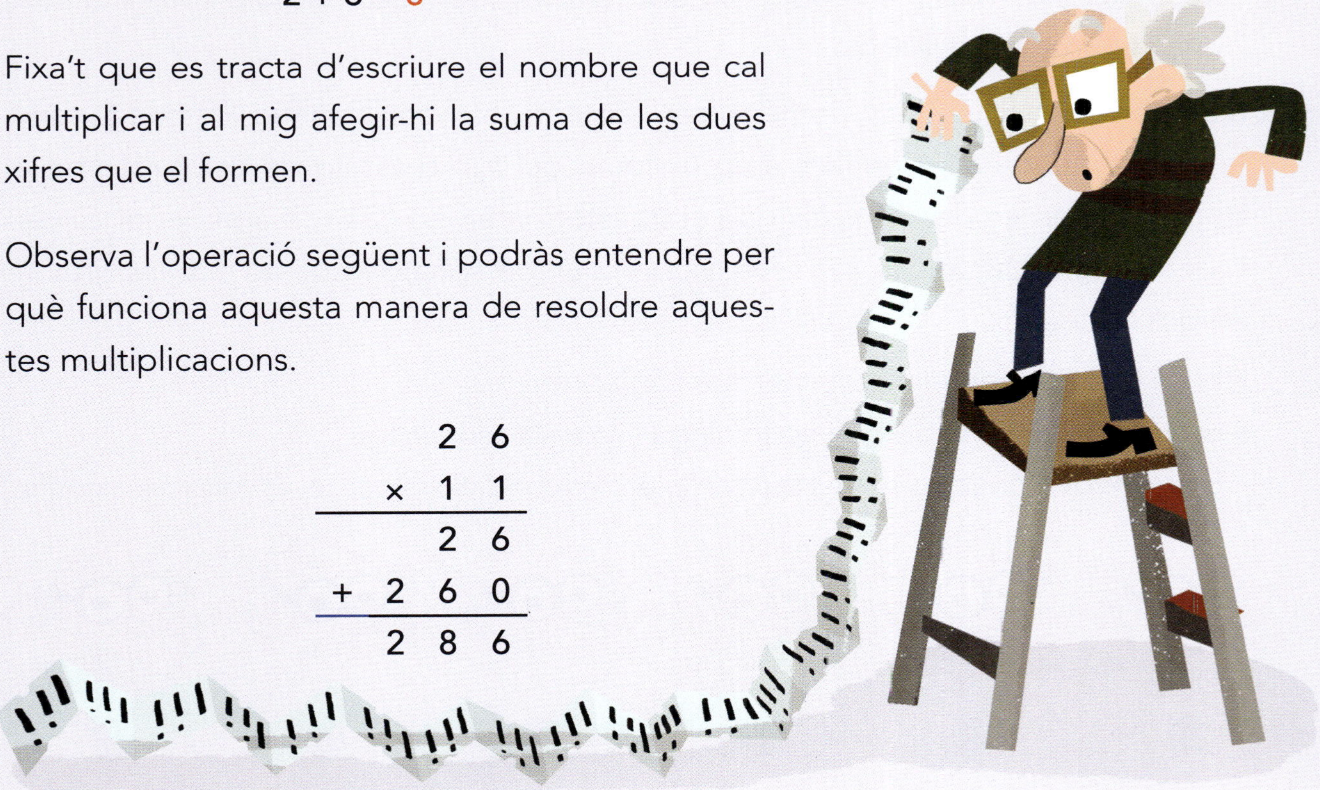

Pàg. 101

CONSELL

Llegeix atentament els problemes! De vegades, els podem resoldre sense haver de fer operacions!

1. La família Pons ha anat a comprar formatges. N'han comprat 8; tots són iguals i tenen forma de bola, però n'hi ha un que pesa menys que els altres. Si tenim una balança i només podem fer **dues pesades**, quina imatge seria la de la primera pesada per trobar **SEGUR** la bola que pesa menys?

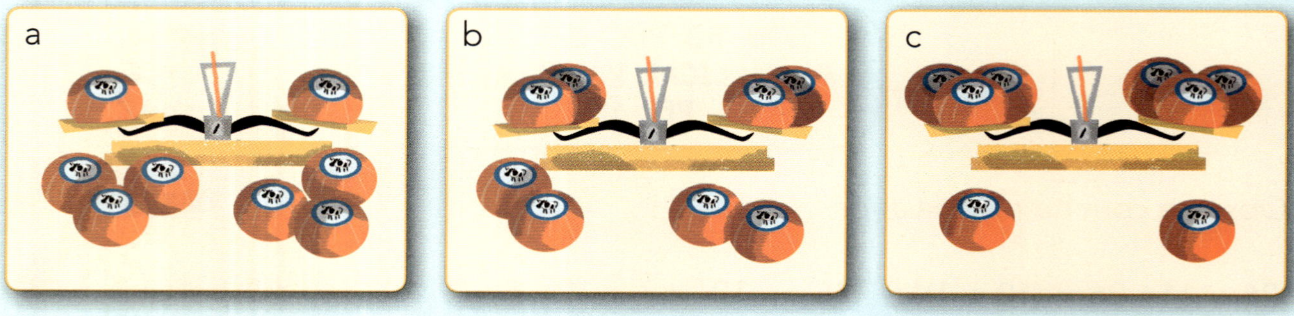

- Si fan primer la pesada a) només descarten dues boles i és poc probable que una de les dues sigui la que pesa menys. Amb una segona pesada tampoc **no és segur** que trobin la bola que busquen.
- Si fan primer la pesada b) només hi ha el **50 % de possibilitats** que la bola que pesa menys estigui en un dels dos plats de la balança. Amb una segona pesada encara **no és segur** que trobin la bola que pesa menys.
- Si fan primer la pesada c) poden identificar **segur** el grup on hi ha la bola que pesa menys. Amb una segona pesada, poden identificar la bola concreta amb una **seguretat del 100 %**.

2. De tots aquests científics, només un és l'autèntic científic Llunàtic. Els que tenen a la seva esquerra els científics amb el líquid del tub d'assaig de color rosa no el transformaran en gas. Tots els que el transformaran en gas són aprenents. El vertader científic Llunàtic té a la seva esquerra un personatge que no el transformarà en gas. Qui és?

- El 2 i el 3 queden eliminats perquè són aprenents.
- El 6 queda eliminat perquè no té ningú a la seva esquerra.
- Entre els que queden, el 4 és qui compleix les condicions per ser el vertader científic.

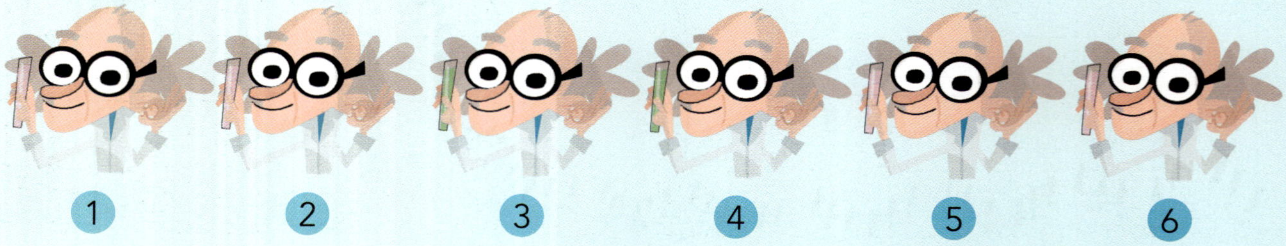

BARCANOVA EDITORIAL

Quadrats màgics

Fixa't en el primer quadrat màgic! S'han utilitzat els nombres de l'1 al 9.

- Què observes en les parelles de colors? Series capaç d'omplir el segon quadrat amb els nombres del 10 al 18?
- Quina característica ha de complir el nombre que va al centre del quadrat màgic?

8	1	6
3	5	7
4	9	2

17	10	
	14	
13	18	

Albrecht Dürer, artista del Renaixement alemany, l'any 1514 va inventar un altre tipus de quadrat màgic.

16	3	2	13
5	10	11	8
9	6	7	12
4	15	14	1

- Què passa si sumes els quadres del mateix color?

16	3	2	13
5	10	11	8
9	6	7	12
4	15	14	1

16	3	2	13
5	10	11	8
9	6	7	12
4	15	14	1

16	3	2	13
5	10	11	8
9	6	7	12
4	15	14	1

16	3	2	13
5	10	11	8
9	6	7	12
4	15	14	1

EL REPTE

Mirem el cel de nit

Observeu el mapa de les constel·lacions. Si no coneixeu el significat d'algun dels noms, busqueu-lo en un diccionari anglès-català o a internet.

- Localitzeu en el mapa un heptàgon, tres quadrilàters, un triangle, un hexàgon, un pentàgon i dos trapezoides.
- Busqueu la constel·lació de l'Óssa Major: Quines formes geomètriques hi observeu? Quina serà la suma dels angles en cada cas?

BARCANOVA EDITORIAL

HE APRÈS...

Trobem moltes formes geomètriques en la realitat.

Els polígons es poden classificar:

- Segons la mida dels costats: regulars (tots els costats iguals) o irregulars (algun costat diferent).
- Segons el nombre de costats: triangle (3 costats), quadrilàter (4 costats), pentàgon (5 costats), hexàgon (6 costats)...
- Segons els angles: còncaus (angles interiors >180°) o convexos (angles interiors <180°).

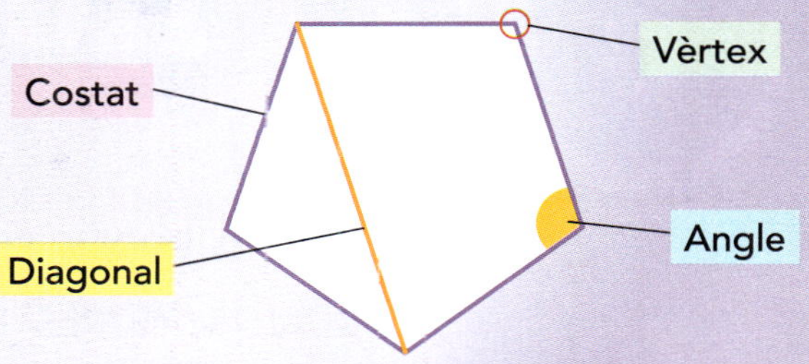

Els triangles es poden classificar segons els costats i segons els angles.

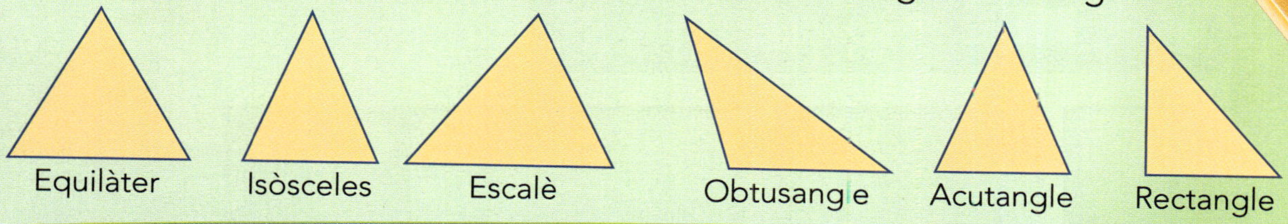

Els quadrilàters es poden classificar segons el nombre de costats paral·lels que tinguin, la mida dels costats i l'obertura dels angles.

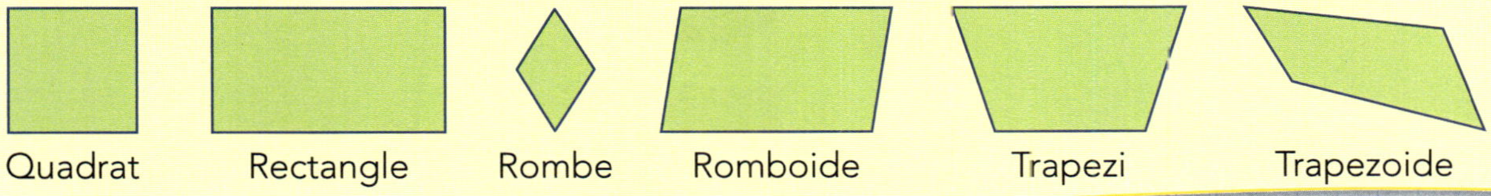

La suma dels angles de qualsevol triangle és sempre 180°.
La suma dels angles de qualsevol quadrilàter és sempre 360°.

Podem formar polígons a partir de triangles.

Podem construir mosaics a partir de polígons regulars o de formes diverses.

Podem formar polígons fent servir el compàs i el regle.

Hem descobert un altre tipus de tangram.

Podem multiplicar per 11 molt ràpidament.

UNITAT 5

6 El lloc que ocupem

Què farem?

- Representació a escala.
- Àrea i perímetre.
- Càlcul de l'àrea.
- Multiplicació d'un nombre enter per un nombre decimal.
- Estratègies de càlcul: multiplicar per desenes + 1.

0	2 m

Escala 1:50
(1 cm = 50 cm)

Pàg. 107

Les escales dels plànols i dels mapes

Mireu aquest croquis d'una aula. Un croquis és una representació d'un lloc o d'una figura amb alguns trets de llapis, de ploma, etc.

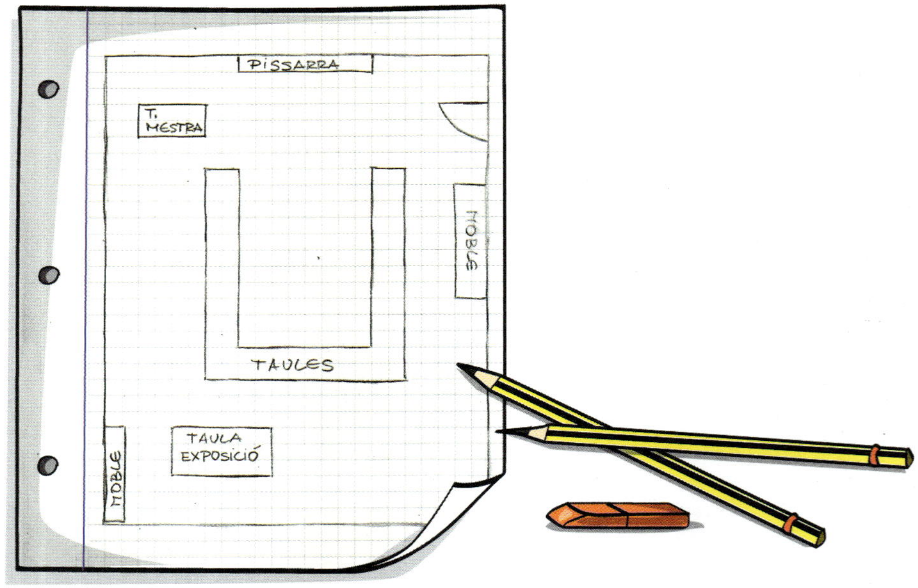

Ara observeu el plànol de l'aula.

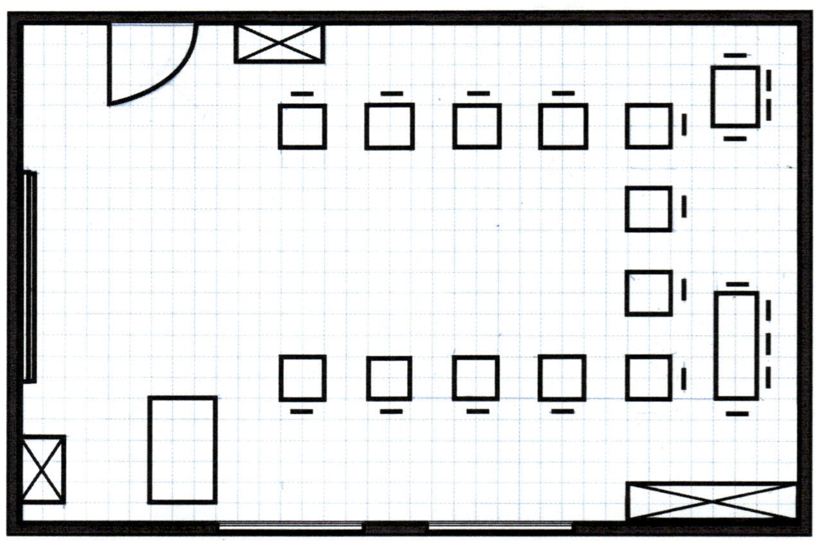

- Si l'aula té una amplada de 6 m, quants quadrats del plànol equivalen a un metre?
- Quina llargada té l'aula?
- Els arquitectes, els cartògrafs, els delineants, els dissenyadors… com dibuixen la realitat? Ho fan d'una manera aproximada o segueixen una pauta?
- Quina diferència hi ha entre un croquis i un plànol?

Aquí teniu el plànol d'una classe i el d'una ciutat, amb la seva escala de representació:

1:100

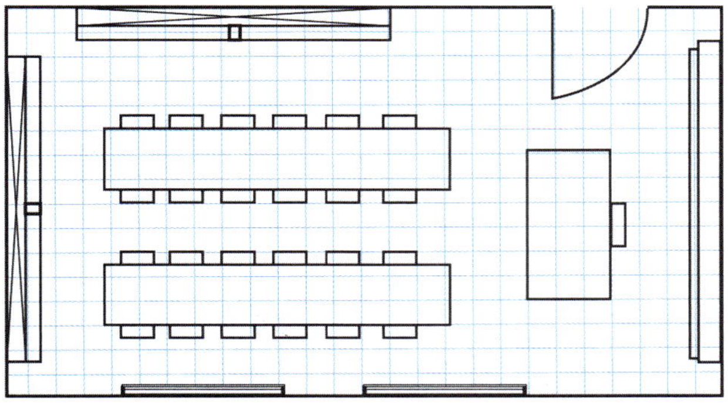

1:10.000

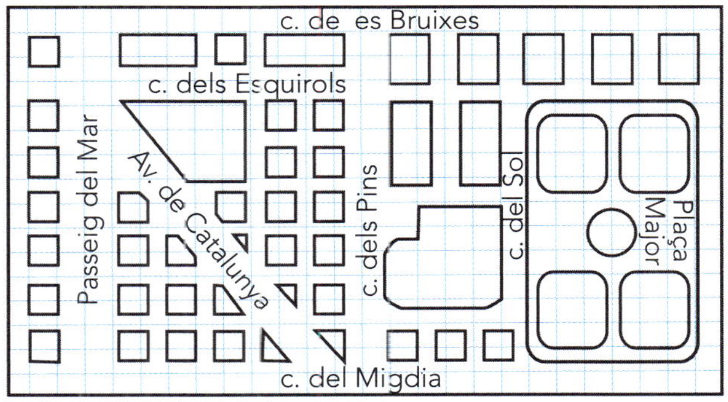

En una representació a escala, el primer nombre ens indica el valor en el plànol i el segon ens indica el valor en la realitat. Així, en l'escala 1:100, 1 cm del paper són 100 cm de la realitat, és a dir, 1 m.

- Fixeu-vos en aquest plànol d'una escola. Sabríeu dir quants metres de llargada fa el passadís d'aquesta planta?

UNITAT 6

Pàg. 110

Àrea i perímetre

Fixeu-vos en la primera il·lustració.

- Com explicaríeu què és l'àrea? I el perímetre?

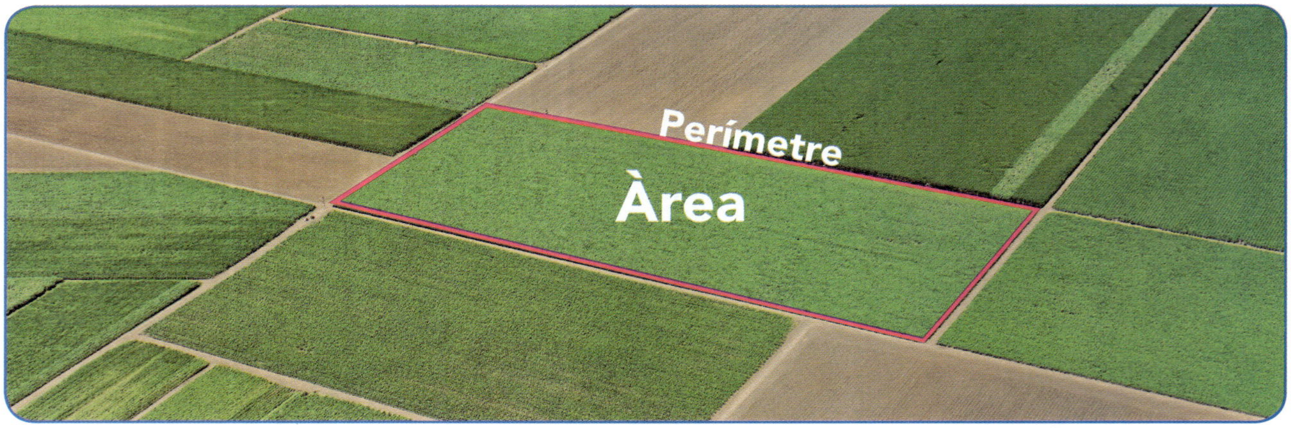

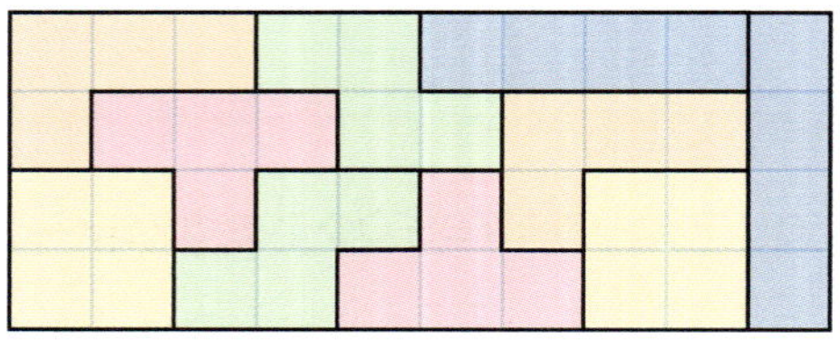

quadrat

segment

Aquesta figura formada per tetròminos té un perímetre de 28 segments i una àrea de 40 quadrats.

PENTÒMINOS

Figura 1

Figura 2

Figura 3

- Quina és l'àrea de cada figura?
- Com ho heu fet?
- I quin és el perímetre de cada una de les figures?
- Quines semblances i quines diferències trobeu entre les diferents figures?

BARCANOVA EDITORIAL

PDI

- Quina creieu que és l'àrea d'aquesta figura? I el perímetre? Com ho heu trobat?

En Joan ho ha fet així:

Àrea: 12 × 5 = 60 quadrats

Perímetre: 8 × 4 = 32 segments

La Carme ho ha fet així:

Àrea: 8 × 8 = 64 → 64 – 4 = 60 quadrats

Perímetre: 8 + 8 + 8 + 8 = 32 segments

- Què diferencia aquesta figura de les figures de la pàgina anterior?
- Retalleu les peces del pentòmino i proveu de fer les figures següents, tenint en compte que els quadrats blaus indiquen les parts que hauran de quedar buides.

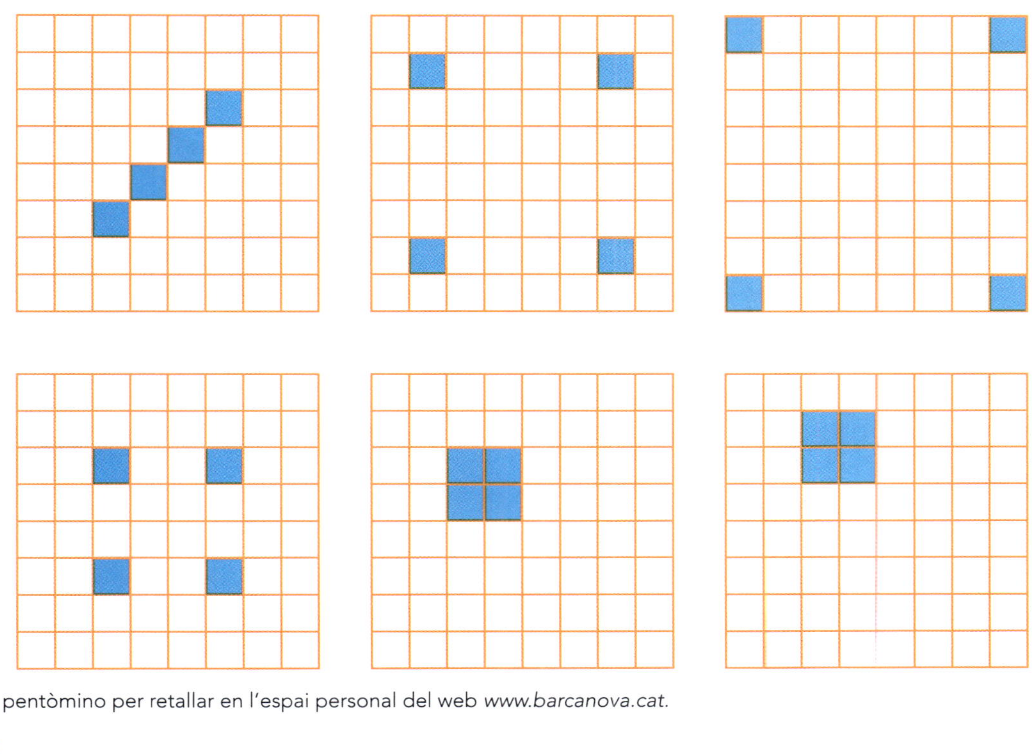

Trobareu el pentòmino per retallar en l'espai personal del web *www.barcanova.cat.*

Pàg. 111

Mosaics

Fixeu-vos en el joc de la Meritxell. Està construint un mosaic amb petites peces quadrades que anomenem tessel·les. Sabríeu calcular el perímetre i l'àrea de les figures del mosaic? I de la part del tauler que queda buida?

Una de les formes de calcular l'àrea de la part del tauler que queda buida és mesurar l'àrea de les figures i restar-la de l'àrea total del tauler.

Observeu aquest tauler i digueu quina àrea falta per omplir. Expliqueu com ho heu fet.

BARCANOVA EDITORIAL

Pàg. 113

Els quadrats

Observeu aquestes superfícies quadrades:

- Què passa amb els costats?
- Sabríeu trobar una manera ràpida de calcular l'àrea de cada una de les superfícies? Ens serveix sempre per als quadrats?

Mireu aquests mosaics fets amb tessel·les i digueu com continua la sèrie.

- Quines característiques tenen?
- Fins ara hem calculat l'àrea amb quadrats. Si sabem que el costat del quadrat petit fa 1 centímetre, sabríeu calcular l'àrea en cm^2?

cm^2 → centímetre quadrat

> Quan un quadrat mesura 1 cm de costat diem que la seva àrea (costat × costat) mesura 1 cm^2. Totes les àrees de qualsevol figura es mesuren amb cm^2, m^2, km^2, segons la unitat de mesura presentada.

SI MIRO AQUESTA TESSEL·LA I SÉ QUE FA 1 CM DE COSTAT, EL PERÍMETRE SERIA 1 + 1 + 1 + 1 = 4 cm. I L'ÀREA SERIA 1 × 1 = 1 cm^2.

COM PUC TROBAR L'ÀREA D'UNA FIGURA QUADRADA?

Els rectangles

La Mercè ha de planxar tovallons, ja que avui al vespre té un sopar amb tota la família. Quan té un tovalló desplegat, té un quadrat.

- Si sabem que de costat fa 30 cm, quina serà la seva àrea?
- Podríeu escriure això amb una fórmula, com els grans matemàtics, que ens serveixi sempre i per a qualsevol quadrat?

La fórmula per calcular l'àrea d'un quadrat és multiplicar costat per costat. Ho escrivim **c × c**.

$$30 \times 30 = 900\ cm^2$$

La Mercè comença a planxar el tovalló i, quan el doblega, obté un rectangle.

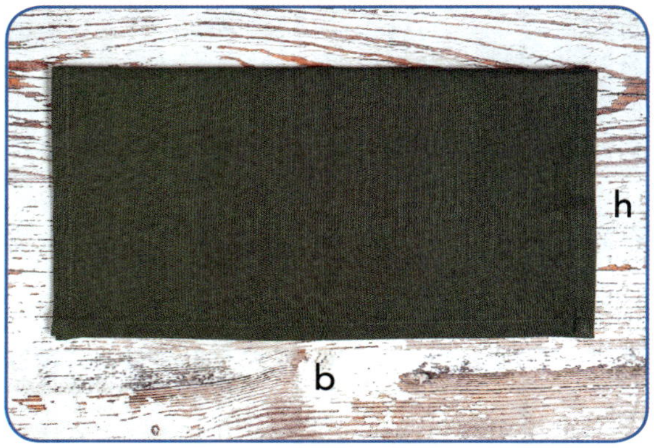

- I ara, sabríeu calcular l'àrea d'aquest rectangle que fa 30 cm de base i té una altura de 15 cm?
- En aquest cas, podríeu aprofitar la informació del tovalló en forma de quadrat? Això es pot fer amb qualsevol rectangle?
- Investigueu-ho! Qualsevol quadrat es converteix en rectangle?

La fórmula per calcular l'àrea d'un rectangle és multiplicar la base (b) per l'altura (h). Ho escrivim **b × h**.

$$30 \times 15 = 450\ cm^2$$

Pàg. 114

Els triangles

La Mercè observa que, fent un altre plec al tovalló, per la diagonal del rectangle, obté dos triangles iguals.

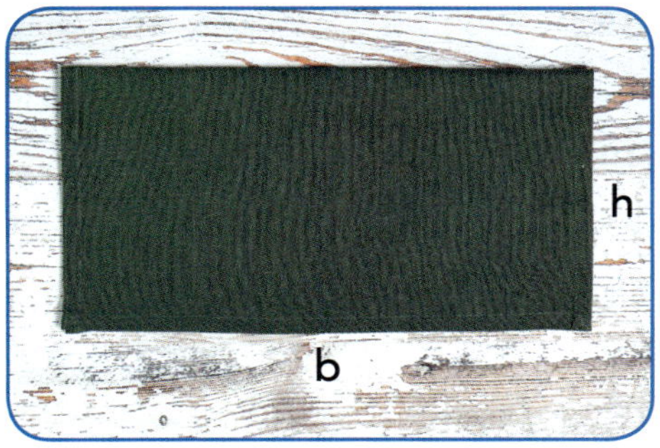

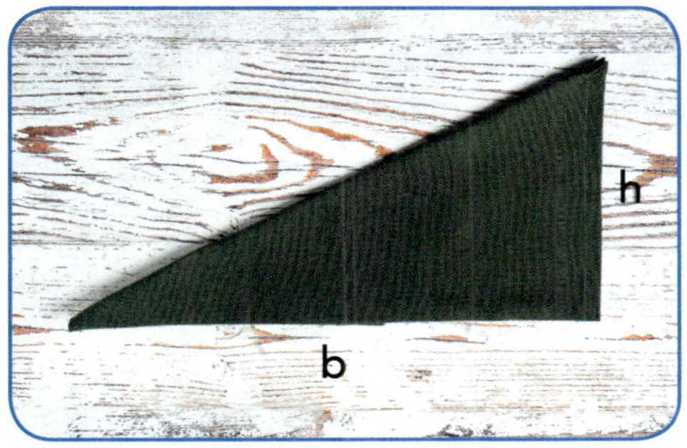

SI SABEU COM CALCULAR L'ÀREA DEL TOVALLÓ RECTANGULAR DE BASE 30 cm I ALTURA 15 cm, COM CALCULARÍEU L'ÀREA DEL TOVALLÓ DOBLEGAT EN FORMA DE TRIANGLE?

L'àrea d'un triangle es calcula multiplicant la base per l'altura i dividint-ho per la meitat. Ho escrivim: $\frac{b \times h}{2}$.

$$\frac{30 \times 15}{2} = 225 \text{ cm}^2$$

COM PUC TROBAR L'ÀREA DEL QUADRAT, LA DEL RECTANGLE I LA DEL TRIANGLE?

Pàg. 114

Altres polígons

- L'Oriol i en Gil estan jugant al triòmino i han construït aquesta figura destacada en vermell. La reconeixeu?

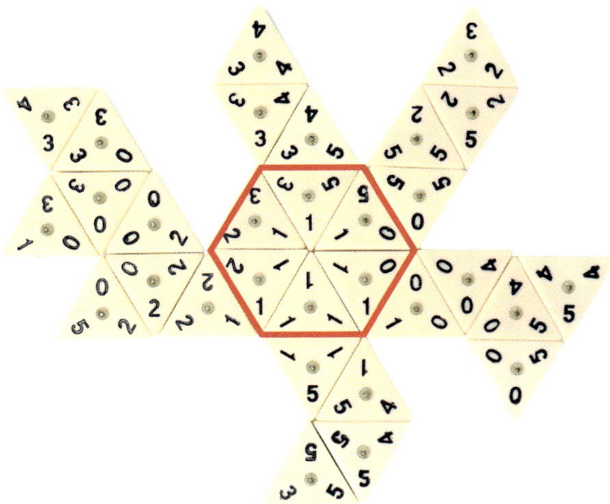

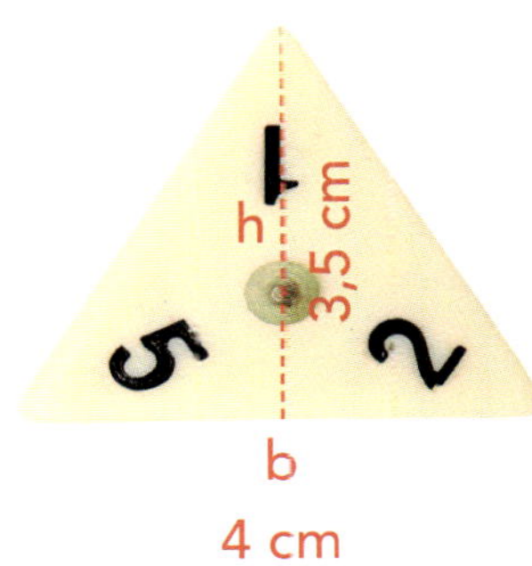

- Si les mesures de cada peça d'un triòmino són les que s'indiquen en la imatge, sabríeu trobar l'àrea de la figura marcada en vermell?

UNITAT 6

Pàg. 117

La multiplicació d'un nombre enter per un nombre decimal

La comanda de fruita

En Ricard és el fruiter del barri i aquest matí ha de servir una comanda a l'escola, que ofereix el servei de menjador. Fixeu-vos bé què ha portat en Ricard i quin és el preu de cada mercaderia.

Els alumnes de 5è ho han calculat de maneres diferents:

Peres

25 kg

25 × 1,90 =

1,90 × 100 = 190

190 × 25 = 100 × 25 = 2.500

90 × 25 = 2.250

4.750

4.750 : 100 = 47,50

Pomes

24 kg

24 × 2,20 =

```
      2,2 0
  ×     2 4
  ---------
      8,8 0   (4 × 2,20)
    4 4,0 0   (20 × 2,20)
  ---------
    5 2,8 0
```

Préssecs

18 kg

18 × 3,15 =

×	3	0,10	0,05
18	54	1,80	0,90

54 + 1,80 + ,090 = 56,70

- I tu, com ho has calculat?
- Quant cobrarà, en Ricard, en total?

COM HO PUC FER PER MULTIPLICAR UN NOMBRE DECIMAL PER UN D'ENTER?

BARCANOVA EDITORIAL

Pàg. 120

ESTRATÈGIES DE CÀLCUL

Multipliquem per desenes + 1...

Fixa't en els salts d'aquests animals:

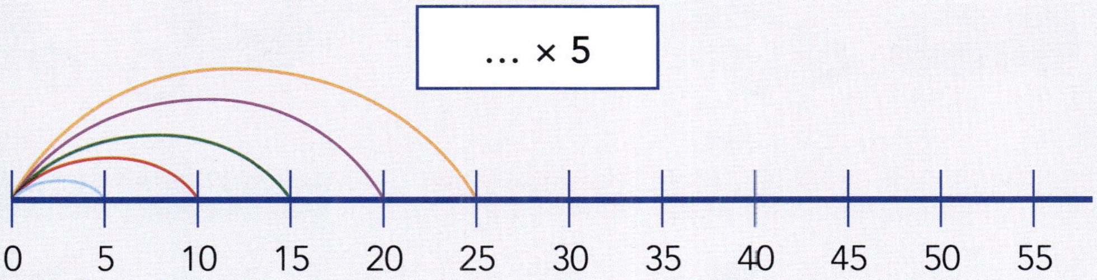

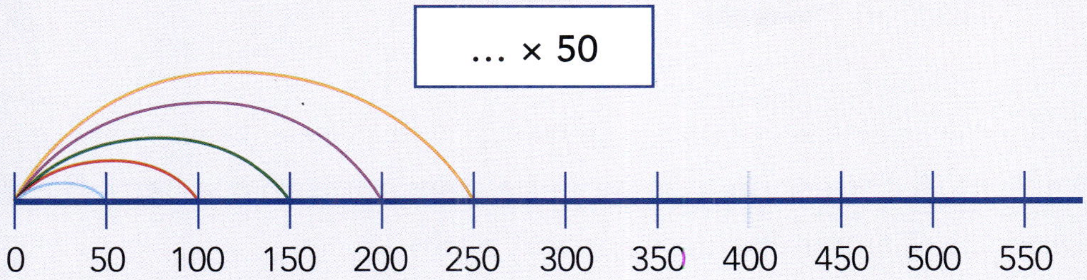

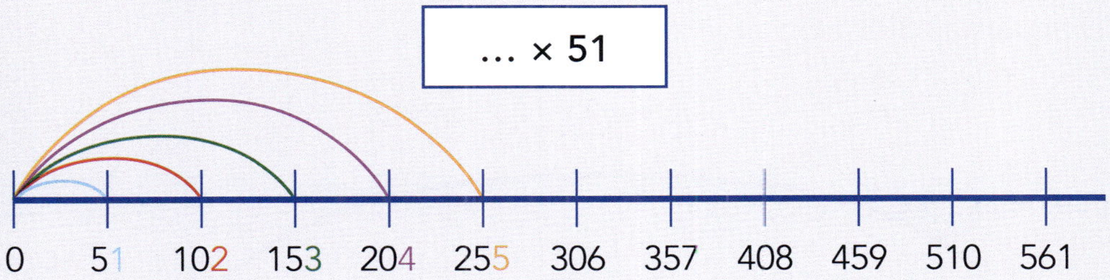

- Quina relació hi ha entre els diferents salts?
- Entre tots els companys i companyes intenteu construir la taula del 91.
- Observant els salts i la taula que heu construït, sabríeu dir de manera ràpida quin és el resultat de...

31 × 4 = ?

41 × 5 = ?

71 × 7 = ?

21 × 6 = ?

81 × 8 = ?

61 × 4 = ?

Pàg. 121

Fixa't en aquests mitjans de transport:

De vegades, la solució dels problemes no s'ha d'expressar amb un resultat numèric.

Cotxes

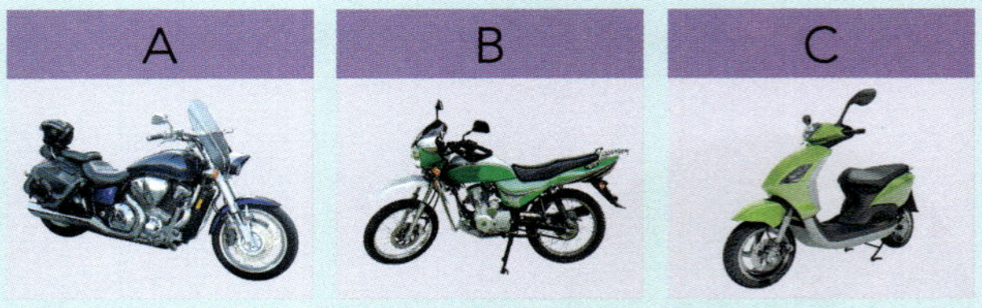

Motos

Vaixells

Avions

La lletra **A** correspon a un mitjà de transport gros; la lletra **B** a un mitjà de transport mitjà i la **C** a un mitjà de transport petit.

Sabries col·locar tots els mitjans de transport a l'espai que els correspon d'aquest diagrama, dient on aniria cada lletra?

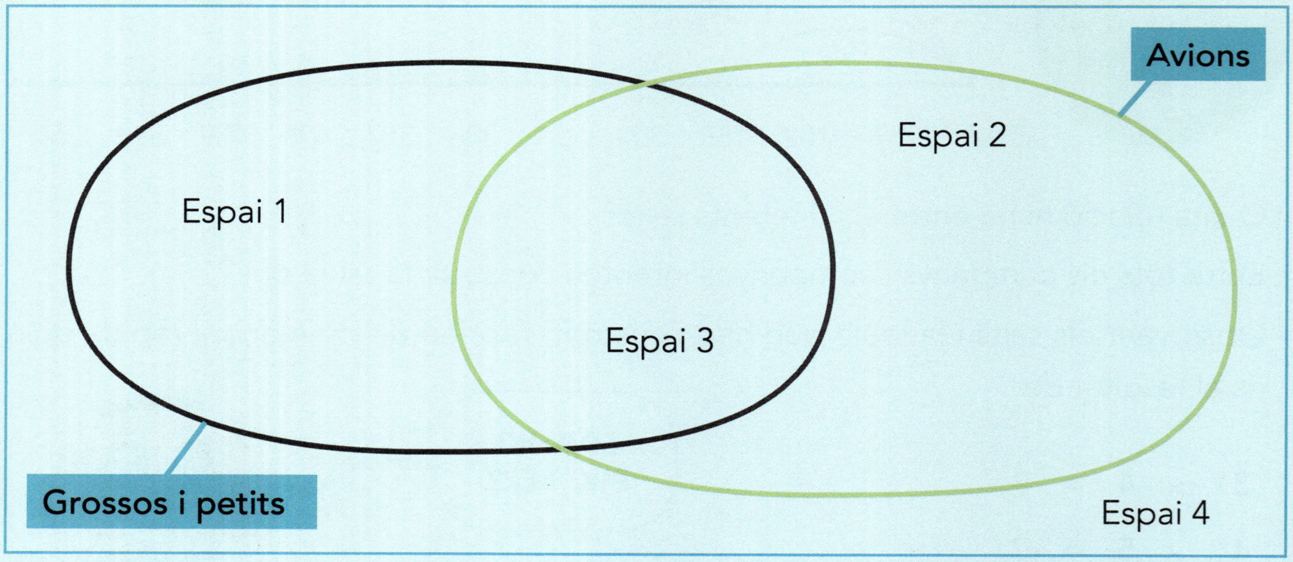

Reflexioneu:

- Hi haurà vaixells mitjans a l'espai 1?
- Per què a l'espai 3 no hi ha motos?
- Per què a l'espai 4 no hi ha cotxes petits?

BARCANOVA EDITORIAL

Nombres poligonals

Alguns nombres els podem dibuixar en diferents formes de polígons; fixa't en els nombres triangulars següents:

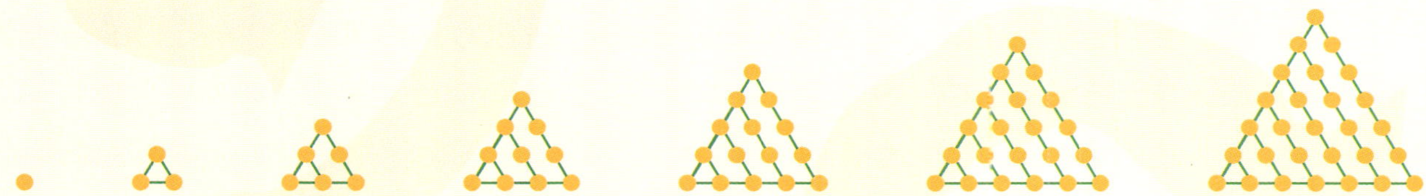

1 3 6 10 15 21 28

- Quin serà el següent nombre triangular?

També hi ha els nombres quadrats, que són 1, 4, 9, 16…

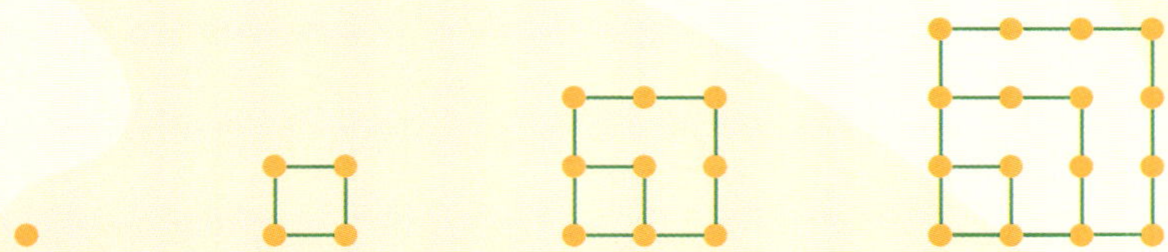

1 4 9 16

- Quins seran els dos nombres quadrats següents?
- Quina relació hi ha entre els nombres triangulars i els nombres quadrats?

Fixa't en els nombres pentagonals:

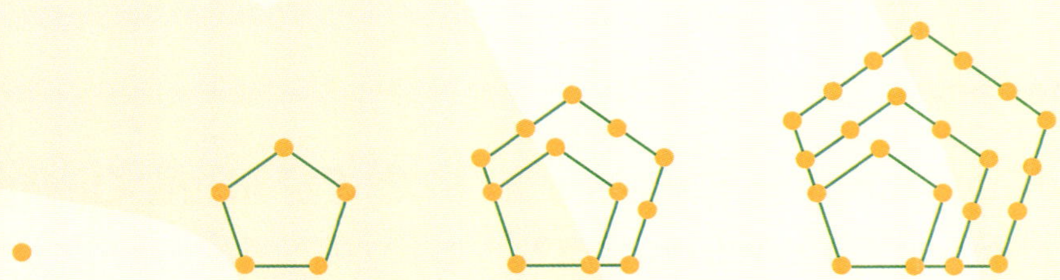

1 5 12 22

EL REPTE

L'hípica d'en Ramon

En Ramon vol muntar els equipaments d'una hípica.

- El primer que li cal saber és en quin dels tres terrenys pot fer el tancat dels cavalls sabent que vol que tingui una superfície entre 36.800 m² i 49.500 m². Quins dels tres terrenys és l'adequat?

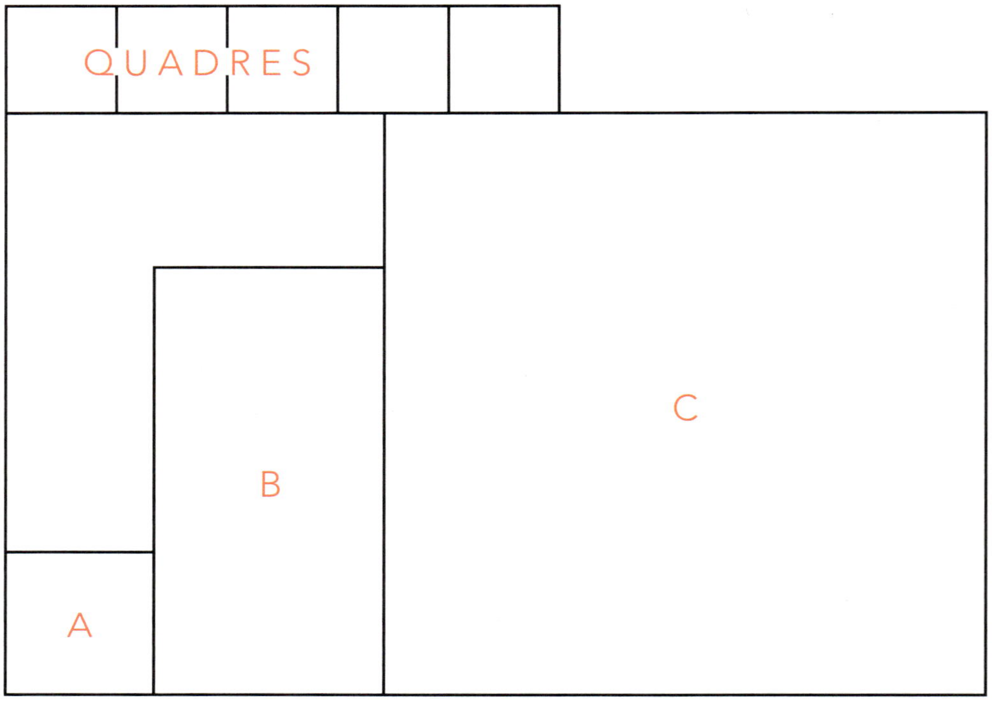

A és un terreny totalment quadrat que té 100 m de costat.
B té una llargada de 300 m i l'amplada és la meitat.
C també té forma quadrada i fa 400 m de costat.

També vol delimitar els tres terrenys.

- En el terreny A vol posar-hi una tanca de fusta que val 52,25 € el metre. Quants metres de fusta haurà de comprar? Quant li costarà?
- Els terrenys B i C els vol tancar amb fil elèctric, que val 35,13 € el rotlle (200 m), i amb pals elèctrics, que valen 4,70 € la unitat. Sabent que el fil ha de fer dues voltes al perímetre del tancat i que els pals han d'estar col·locats a una distància de 5 metres, calcula quants pals i quants metres de fil elèctric hi haurà de posar i quant costarà tancar els terrenys.

HE APRÈS...

Les distàncies reals es representen amb escales sobre el paper, que són mesures més petites i tenen una equivalència amb la realitat.

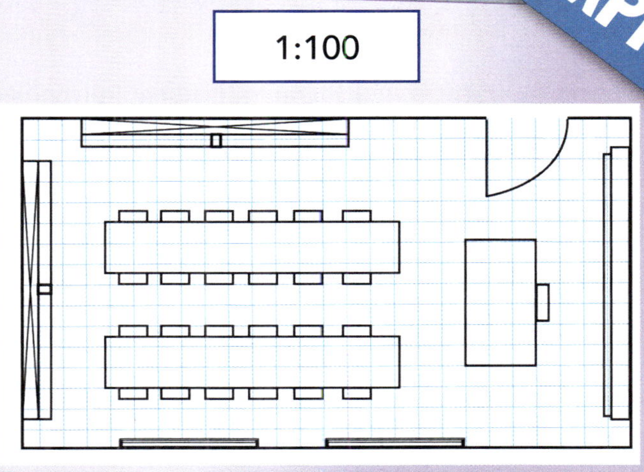

El perímetre és el contorn d'una figura o d'un espai. L'àrea és l'espai interior que queda delimitat pel perímetre.

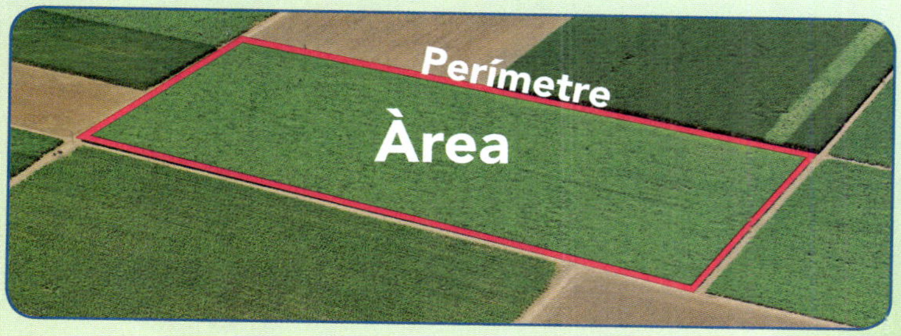

Podem calcular les àrees de figures diferents mitjançant les semblances que tenen entre si.

$A = c \times c$

$A = b \times h$

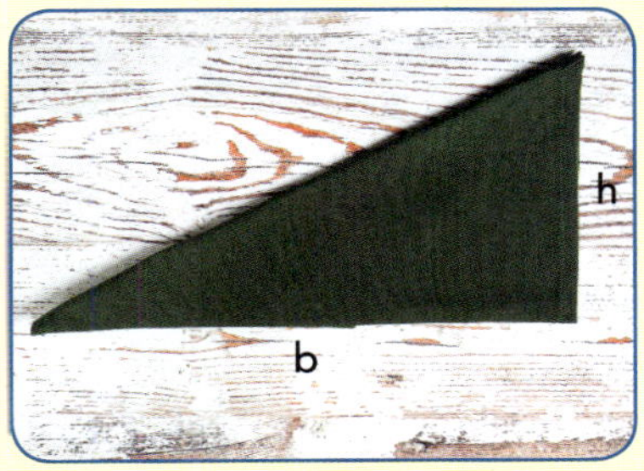

$A = \frac{b \times h}{2}$

Puc resoldre multiplicacions per les desenes +1 de manera ràpida.

Hi ha diferents maneres de multiplicar un nombre enter per un nombre decimal.

L'EXPOSICIÓ MATEMÀTICA

1. Formeu grups de quatre o cinc alumnes per fer un treball cooperatiu. Haureu d'elaborar una exposició matemàtica sobre les **figures geomètriques**: tipus, característiques, composició, simetria...

2. **Material per grup**
   - Cartolina de diferents colors
   - Tisores
   - Escaire i cartabó
   - Llapis
   - Goma d'esborrar
   - Compàs
   - Cinta adhesiva de colors
   - Màquina de fer fotos (una per a tota la classe)

3. **Procediment**
   - Plantegeu-vos què cal fer, quan i com. Haureu de dibuixar i retallar almenys set figures cada grup.
   - Prepareu un guió o esquema que us faciliti l'exposicio oral.
   - Repartiu-vos les tasques i feu-vos responsables de la part que us toqui.
   - Respecteu-vos i ajudeu-vos quan calgui.

BARCANOVA EDITORIAL

PETITS CONSELLS

- Mireu que entre tot el grup classe siguin tractats tots els aspectes proposats.
- Proveu de treballar totes les figures geomètriques que coneixeu perquè l'exposició sigui més enriquidora.
- L'exposició serà estrictament matemàtica o la voldreu relacionar amb la vida quotidiana?

4. Valoreu entre tots com us ha sortit aquesta exposició (organització, tasques, participació, temps de dedicació...).

7 Tres dimensions (3D)

BARCANOVA EDITORIAL

Què farem?

- Classificació de poliedres.
- Cossos platònics.
- Construcció de cossos geomètrics.
- Construcció de poliedres.
- Diferents vistes d'un mateix objecte.
- Estratègies de càlcul: multiplicar per 9, 99 i 999.

UNITAT 7

Pàg. 127

Classe de geometria

Una classificació dels poliedres

La Marta i en Joan han muntat aquests poliedres amb Polydron i els han classificat així:

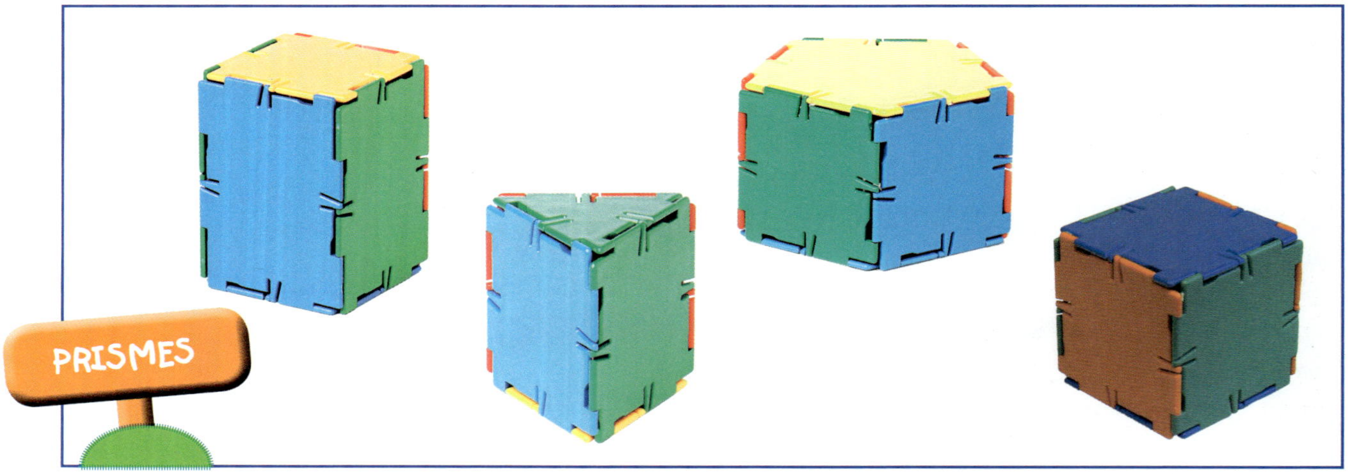

Expliqueu com han fet aquesta classificació. La seva mestra, la Júlia, els ha dit que havien de fixar-se en el nombre de bases.

BARCANOVA EDITORIAL

Pàg. 128

Cares, arestes i vèrtexs

La mestra els diu que, per poder parlar com matemàtics, han de dominar aquest vocabulari: aresta, cara, base, vèrtex, cub, prisma rectangular, piràmide quadrangular, piràmide pentagonal, prisma hexagonal...

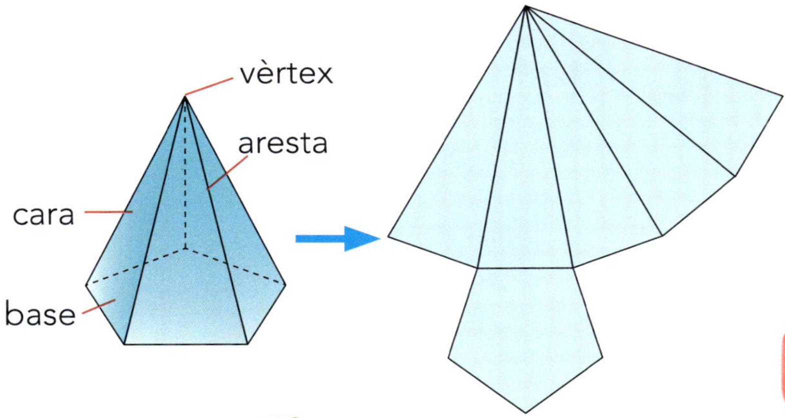

Mireu d'esbrinar el nom dels poliedres següents. Pista: la forma de la base us serà de gran ajuda!

Els **poliedres** són objectes limitats per cares planes.
Els tres elements fonamentals dels poliedres són les **cares** (sempre polígons), les **arestes** i els **vèrtexs**.
Per exemple, aquest poliedre té:
6 cares quadrades, 12 arestes i 8 vèrtexs.

Halita (sal comuna): Mineral que cristal·litza en el sistema cúbic.

Pàg. 131

Cossos platònics

La Júlia proposa als seus alumnes que facin d'enginyers. Demana que es reparteixin en dues meitats: un grup ha de construir poliedres fent servir només triangles equilàters; l'altre ho ha de fer només amb quadrats.

Grup dels triangles

Grup dels quadrats

EL GRUP DELS TRIANGLES HA MUNTAT UNA PIRÀMIDE TRIANGULAR. COM QUE TOTS ELS TRIANGLES SÓN EQUILÀTERS, S'ANOMENA **TETRAEDRE**.

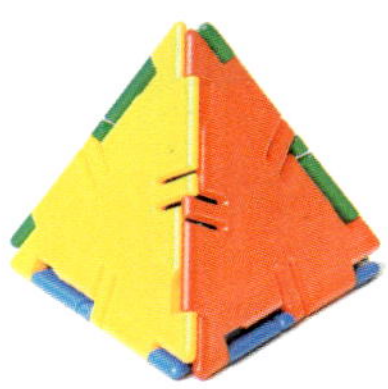

EL GRUP DELS QUADRATS HA MUNTAT UN **CUB**.

- Quines figures ha pogut fer cada grup?
- Quin és el nombre més petit de polígons que calen per fer el seu poliedre?

BARCANOVA EDITORIAL

La Júlia ha posat el cub i el tetraedre a la taula, juntament amb l'icosaedre, l'octaedre i el dodecaedre. Aquests poliedres, estan formats per polígons regulars?

Aquests són els únics poliedres regulars possibles; per això Plató, un filòsof grec, els va anomenar **cossos perfectes**. També s'anomenen **cossos platònics**.

Plató va néixer a Atenes l'any 427 aC i va morir el 347 aC. Va reflexionar sobre les idees, la virtut, la veritat, la justícia, l'amor, la política i l'educació, entre moltes altres qüestions importants. S'anomena *platònic* tot el que està relacionat amb les teories de Plató.

- Per què els grecs antics van anomenar així aquests cossos?

Els grecs van associar els cossos platònics amb elements de la natura. El **tetraedre** era el foc, per la seva forma i pel fet que fos el més lleuger i simple de tots els poliedres. El **cub** o **hexaedre** era la terra, per la seva estabilitat i rigidesa. L'**octaedre** era l'aire. L'**icosaedre** era l'aigua, per la seva forma gairebé rodona, que simbolitzava la fluïdesa quan rodolava. I per acabar, el **dodecaedre** era l'element del cosmos o l'univers, perquè era l'element dels déus.

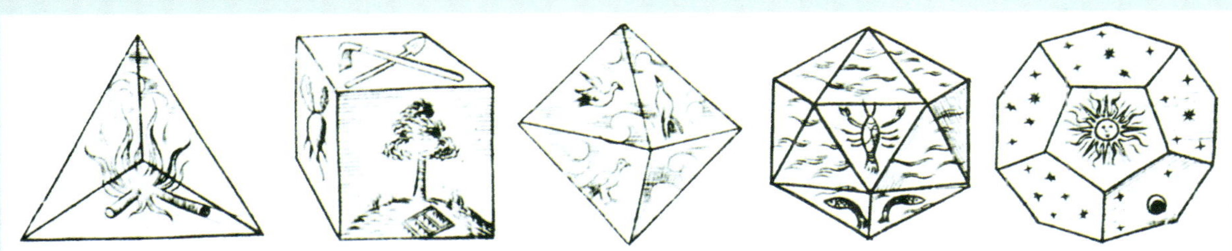

Construïm cossos geomètrics amb arestes i vèrtexs

NECESSITEM

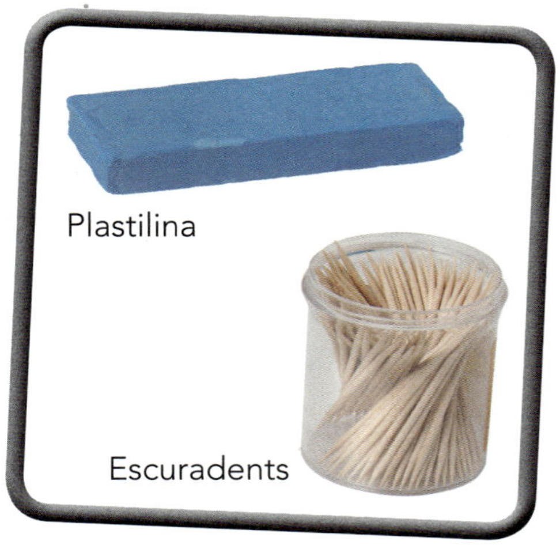

PAS A PAS

Volem fer una piràmide quadrangular.

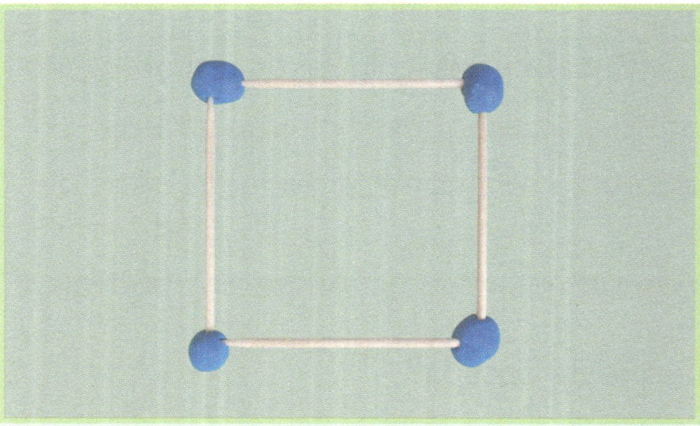

1. Munteu un quadrat amb 4 escuradents i 4 boletes de plastilina.

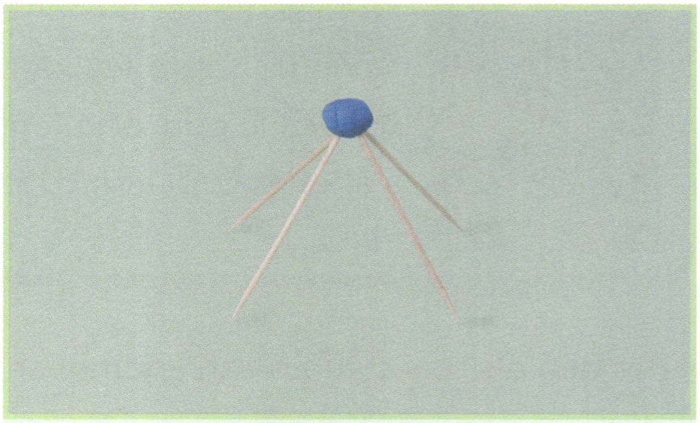

2. Prepareu 1 boleta de plastilina amb 4 escuradents enganxats.

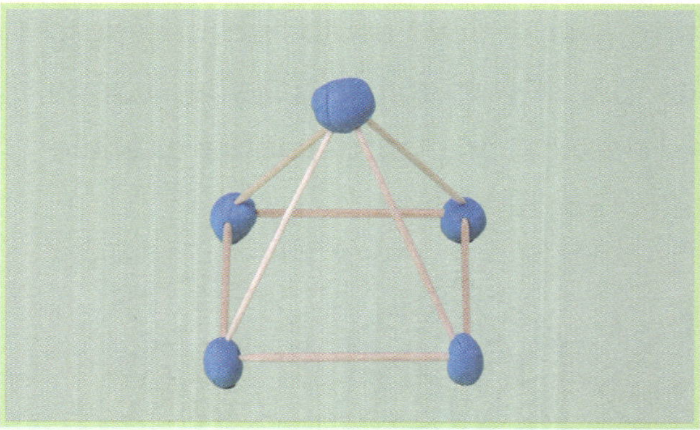

3. Claveu els 4 escuradents en les boletes de plastilina del quadrat.

Després podeu provar de fer de la mateixa manera un cub i un prisma hexagonal.

- Quin cos platònic necessitaria el nombre més gran de boletes de plastilina? I el més petit?

BARCANOVA EDITORIAL

Pàg. 134

Construïm poliedres

NECESSITEM

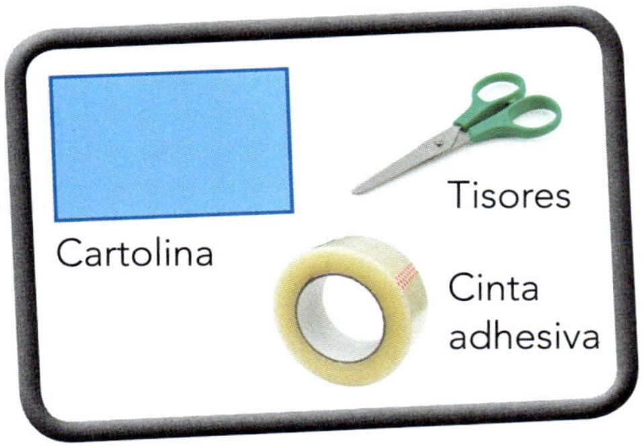

PAS A PAS

1. Penseu quins polígons formen les cares del poliedre que voleu construir i quants en necessiteu de cada un.

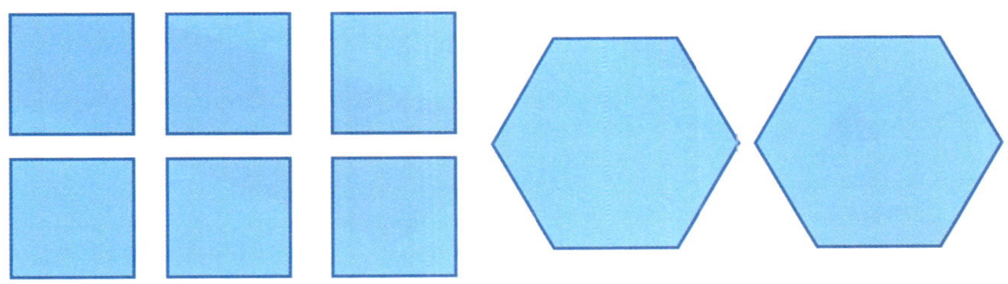

2. Imagineu com podeu unir els polígons de manera que, doblegant-los pels seus costats, pugueu formar el poliedre…

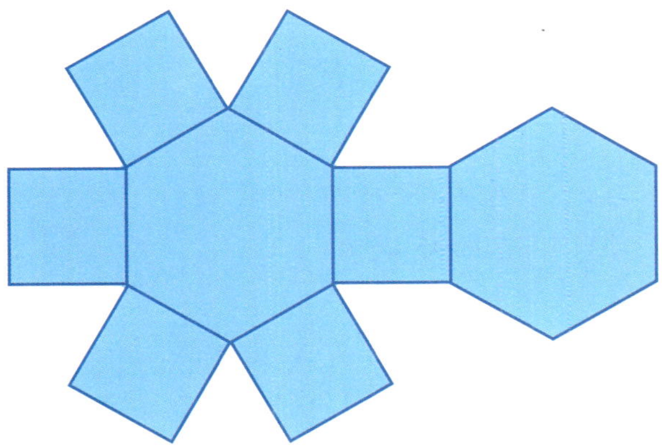

3. Finalment, retalleu la representació i enganxeu els costats que calgui per aconseguir construir el poliedre.

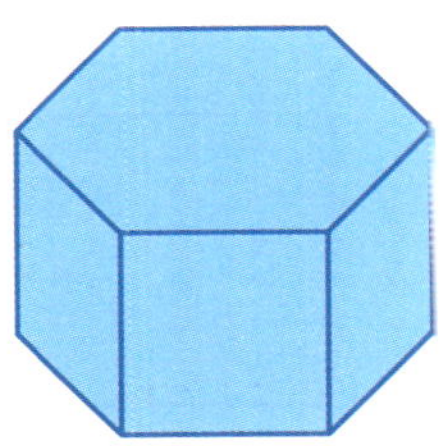

Relaciona cada objecte amb els polígons que hi hauria en el seu desplegament. Compte! Hi ha polígons que sobren.

Tens 1 minut!

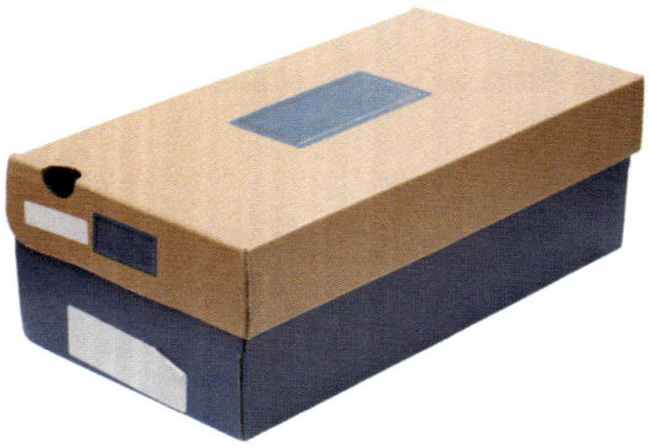
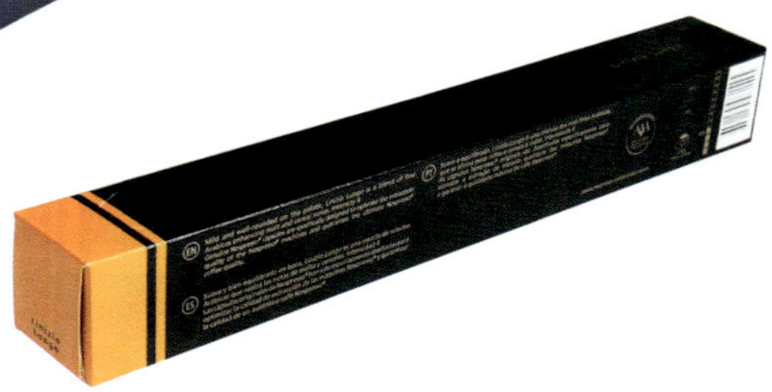

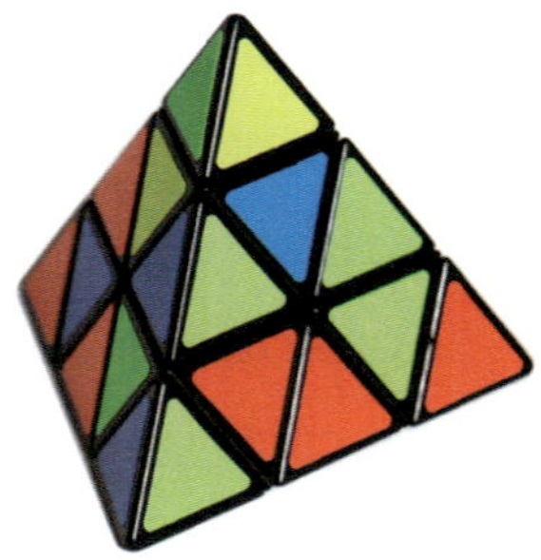

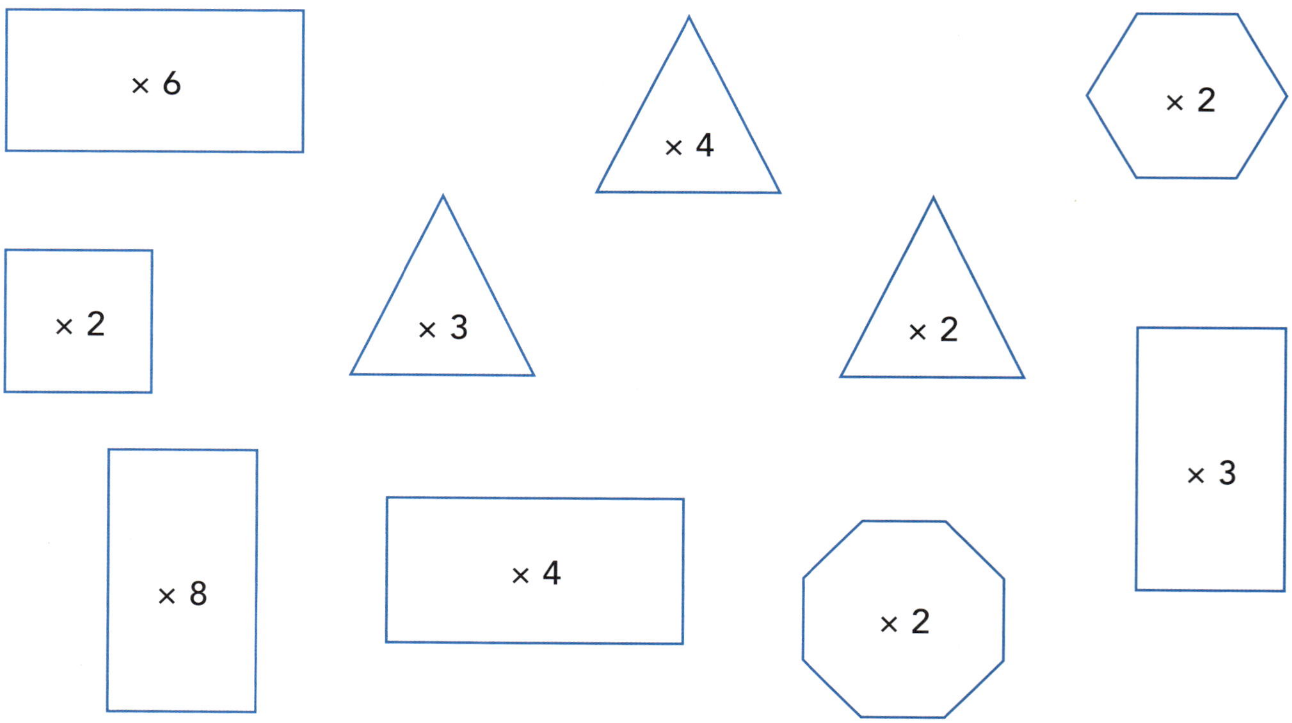

UNITAT 7

Pàg. 138

Diferents vistes d'un mateix objecte

En Pau, la Neus, en Jordi i l'Aina estant jugant al Jenga. Quina vista de la torre que han construït té cada un, segons on està assegut?

Aquesta és una vista zenital:

Vista zenital o **planta**

En Pau té aquesta vista frontal: l'**alçat**.

L'Aina té aquesta vista lateral: el **perfil**.

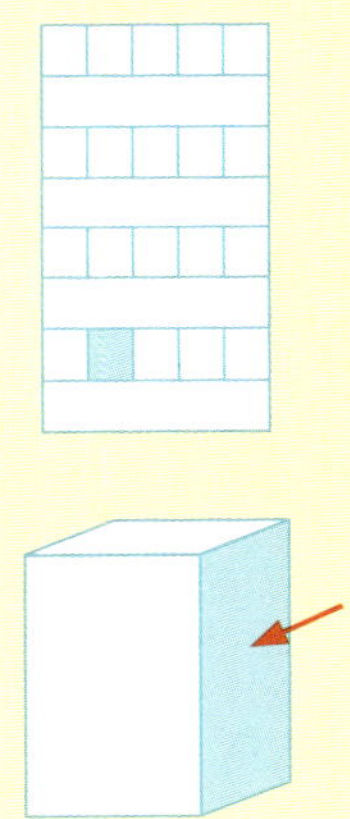

En Jordi té una altra vista lateral o perfil.

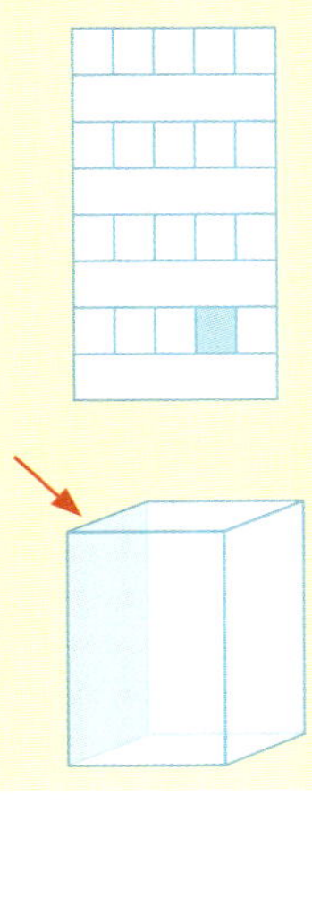

La Neus té la vista oposada a l'alçat.

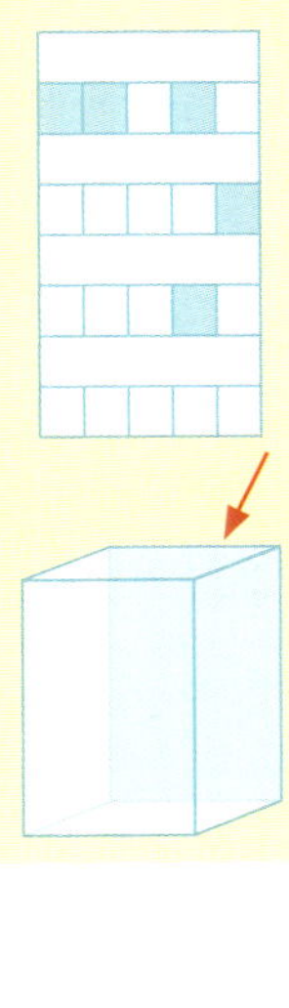

- Després han jugat al Jenga de colors. En Jordi, l'Aina i la Neus han fotografiat la torre. Sabríeu dir quina fotografia (*a*, *b* o *c*) ha fet cada un?
- Si en Jordi ha fet l'alçat, quina vista han fet l'Aina i la Neus? Podria ser que l'Aina hagués fet l'alçat? En quina situació passaria?

a)

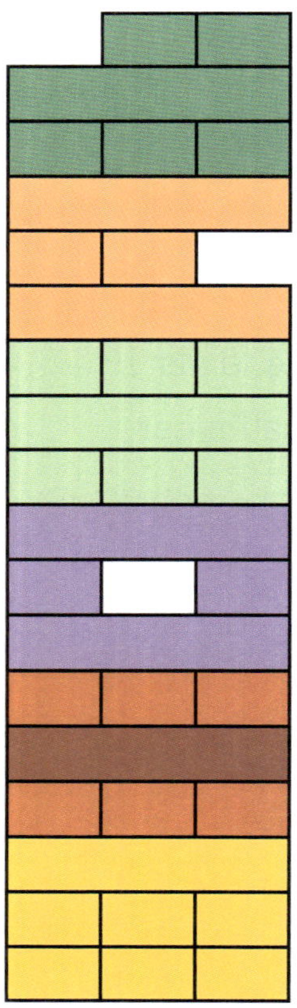

b)

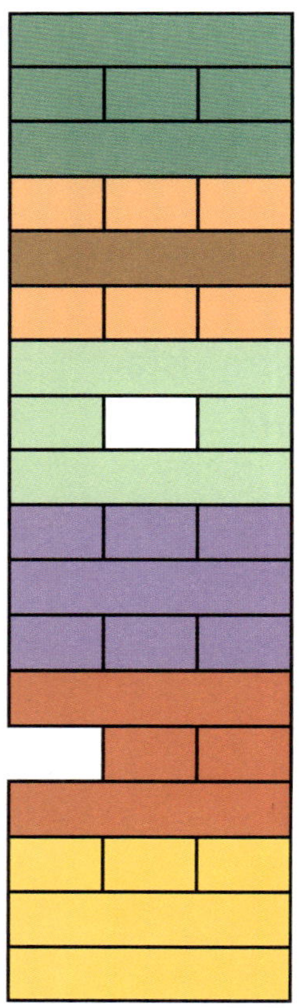

c)

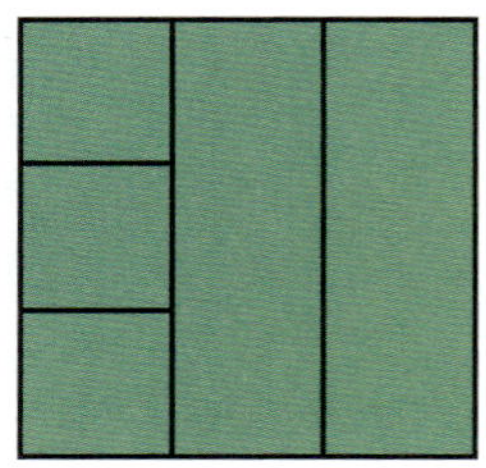

UNITAT 7

BARCANOVA EDITORIAL

Pàg. 140

ESTRATÈGIES DE CÀLCUL

Multipliquem ×9 ×99 ×999

Al casal del barri han fet un concurs de càlculs amb el 9. La Fàtima ha fet tots els càlculs mentalment i ha guanyat. Fixa't bé com ho ha fet i l'any que ve podràs guanyar el concurs.

26 × 9 = 260 – 26 = 234
72 × 99 = 7.200 – 72 = 7.128

- D'on surten el 260 i el 7.200? Per què després fa una resta del nombre amb què operem?

Pensa com calcularies les operacions següents:

21 × 999 =
60 × 9 =
47 × 99 =
100 × 99 =
34 × 999 =
52 × 9 =

99 × 1 = 99
99 × 2 = 198
99 × 3 = 297
99 × 4 = 396
99 × 5 = 495
99 × 6 =

- Sabries continuar la sèrie?

99 × 23 = 2.277
99 × 24 = 2.376
99 × 35 = 3.465
99 × 36 = 3.564

- Com faries: 99 × 57 = … i 99 × 58 = …?

Pàg. 141

1. En una capsa hi caben 22 llibres. L'Elsa, que té 17 anys, vol omplir 180 capses iguals en 30 dies. Quants llibres necessita per omplir-les totes?

De vegades en els enunciats dels problemes hi falten dades i d'altres vegades n'hi sobren.

180 × 22 = 3.960.
NECESSITA 3.960 LLIBRES PER OMPLIR LES 180 CAPSES DE 22 LLIBRES CADA UNA.

AIXÍ, DONCS, ELS 17 ANYS DE L'ELSA I ELS 30 DIES QUE NECESSITA PER OMPLIR LES CAPSES SÓN DADES INNECESSÀRIES PER RESOLDRE EL PROBLEMA.
EN AQUEST PROBLEMA **HI SOBREN DADES**!

2. L'edat de la Cinta és el doble de l'edat de l'Emili. Si la Cinta va néixer el 3 de maig, i l'Emili el 20 de desembre, quants anys té l'Emili?

AQUEST PROBLEMA NO ES POT RESOLDRE PERQUÈ ENS FALTA L'ANY DE NAIXEMENT DE LA CINTA O LA SEVA EDAT.
EN AQUEST PROBLEMA **HI FALTEN DADES**!

- Sabríeu dir què els passa a aquestes imatges?

EL REPTE

Angles i mosaics

- Fixeu-vos en aquest mosaic. Si se'n trien algunes parts, podeu construir un poliedre?

Si vols, pots ajudar-te amb el Polydron!

CALCULEU LA SUMA DELS ANGLES DELS VÈRTEXS I OBSERVEU QUÈ PASSA QUAN AQUESTA ÉS MÉS PETITA DE 360°. I QUAN DONA 360°?

- Quina condició han de complir els angles dels polígons regulars perquè es pugui fer un mosaic amb ells?
- Observeu aquestes parts extretes del mosaic. Quins poliedres podeu construir?

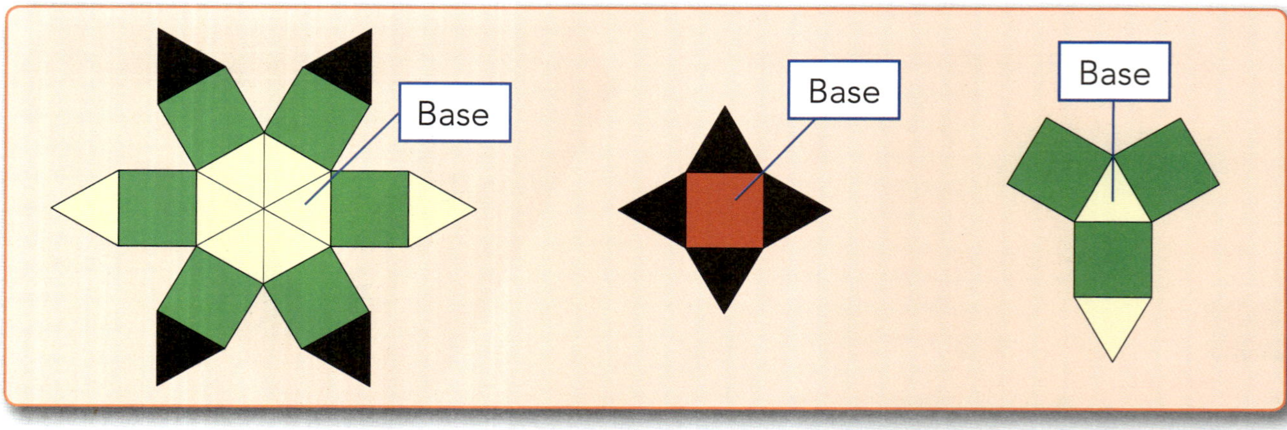

- Sabent quina és la base de cada un dels poliedres, podríeu dir quin polígon seria l'alçat? I la planta? I el perfil?

BARCANOVA EDITORIAL

HE APRÈS...

Els poliedres estan formats per figures planes. A cada poliedre li correspon un desplegament.

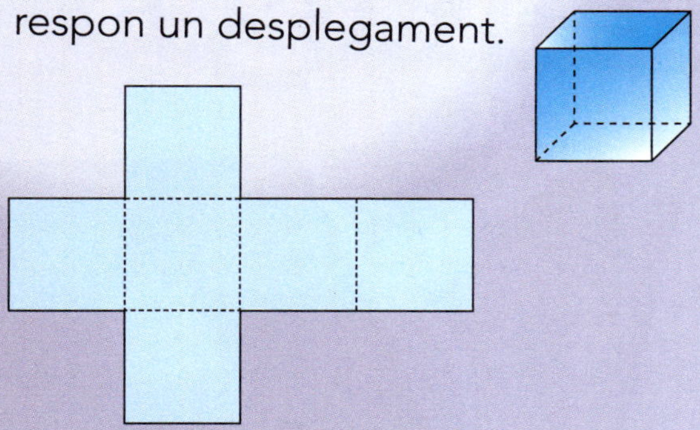

Els poliedres es poden classificar en prismes i piràmides.

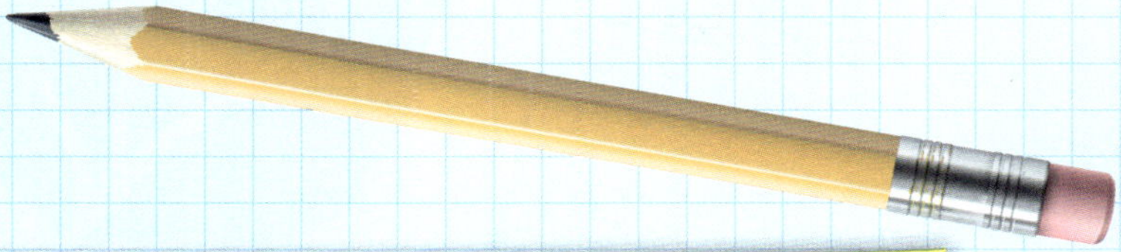

Els poliedres reben el nom del polígon de la seva base.

Hi ha 5 poliedres definits com a cossos perfectes, que es coneixen com a **cossos platònics**.

Icosaedre | Octaedre | Cub | Dodecaedre | Tetraedre

Una figura ens la podem mirar des de diferents costats, és a dir, des de diferents punts de vista.

Podem multiplicar per 9 o per 99 mentalment i de manera ràpida.

8 Els percentatges

QUAN VEIEM AQUESTES IMATGES, COM PODEM INTERPRETAR-NE ELS PERCENTATGES?

Què farem?

- Percentatges.
- Gràfics de sectors.
- Descomptes.
- Nombres mixtos.
- Estratègies de càlcul: el 10%.

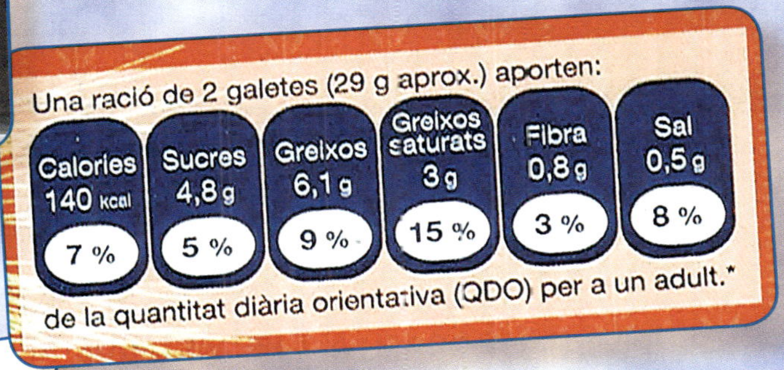

Pàg. 147

Percentatges

Tres jugadors d'un equip de bàsquet han fet unes graelles per indicar quants tirs han encistellat i quants n'han fallat.

JO N'HE ENCERTAT 58 DE 100.

JO HE TINGUT UN PERCENTATGE D'ERROR D'UN 35 %.

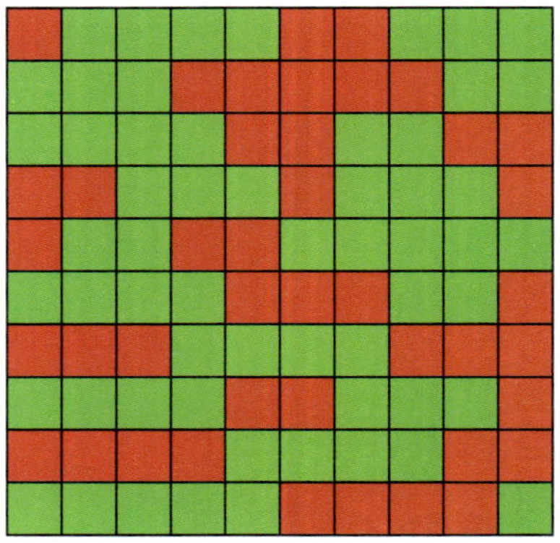

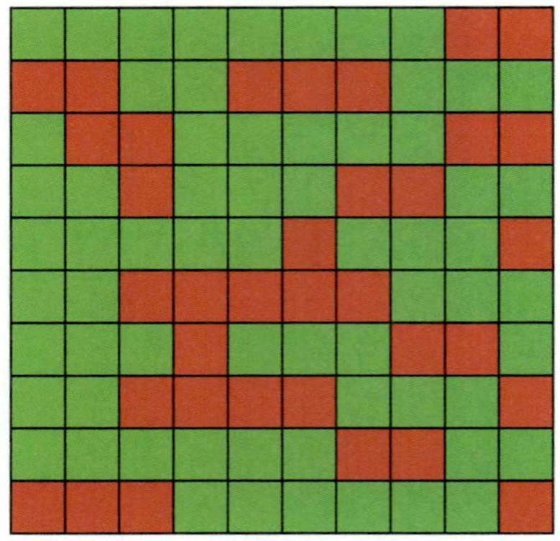

JO PRIMER HE FET UN RECOMPTE AMB MARQUES DE COMPTAR (卌): ✓ 73 ✗ 27. A PARTIR DEL RECOMPTE, HE PINTAT LA GRAELLA I HE VIST QUE HE FET UN $\frac{73}{100}$ D'ENCERTS I N'HE FALLAT $\frac{27}{100}$.

COM HO PUC FER PER EXPRESSAR UN PERCENTATGE EN FORMA DE FRACCIÓ?

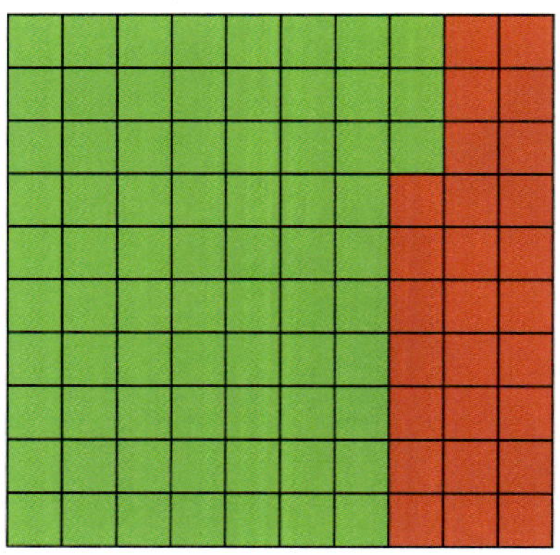

- Quin dels tres té més bona punteria? De quina manera ho expressa cada un?
- Podríeu expressar amb % els encerts de cada un?

BARCANOVA EDITORIAL

Pàg. 150

Percentatge d'un nombre

Al cap d'uns quants dies de jugar a bàsquet, els tres jugadors han tornat a mirar els seus percentatges. Tots tres tenen un percentatge d'errades d'un 25%, però amb una diferència: el nombre de tirades. Quants tirs ha fallat cada un? Fixeu-vos-hi!

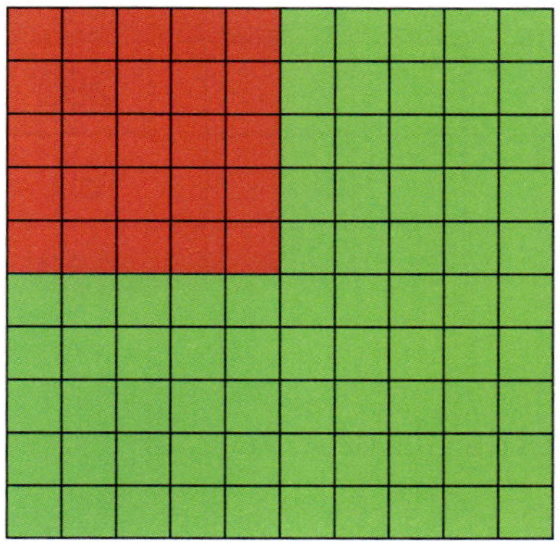

El primer jugador ha tirat 100 vegades. Per saber les tirades que ha fallat, fem $\frac{25}{100}$ de 100 = 25. Així doncs, ha fallat 25 vegades.
El segon jugador ha tirat 200 vegades. El percentatge d'errades és: $\frac{25}{100}$ de 200 = 50.
La tercera jugadora ha tirat 300 vegades. Quin és el seu percentatge d'errades?

La representació que hi ha en la graella anterior és vàlida per als tres jugadors, perquè representa el 25% d'errades. Quin valor té cada part en el cas del primer jugador? I en el cas del segon? I en el de la tercera?

- Per calcular ràpid el 25% de 400, pots fer-ho de diverses maneres:

Dividir entre 4 $\frac{1}{4}$ = dividir entre 4.	$\frac{1}{4}$ de 400 = 400 : 4 = 100
Fer la meitat de la meitat.	400 : 2 = 200 i 200 : 2 = 100
Multiplicar per 0,25 perquè 25% = $\frac{25}{100}$, que és igual a 0,25.	400 × 0,25 = 100

De colònies!

Els esplais de les comarques d'Anoia, el Pallars Jussà i el Moianès s'agrupen per fer les colònies d'estiu. Han preguntat als nens i a les nenes si les volen fer a la muntanya o a la platja. Les dades són les següents:

	Nombre de nens i nenes	Muntanya		Platja	
Anoia	400	120	?%	280	?%
Pallars Jussà	100	20	?%	80	?%
Moianès	300	180	?%	120	?%

Aquí podeu veure les graelles corresponents als resultats de les tres comarques, però s'han barrejat i ara no saben quina graella correspon a cada comarca. Han pintat la platja amb color blau i la muntanya amb marró. Els podeu ajudar a esbrinar a quina comarca correspon cada graella? Podeu explicar com ho heu fet?

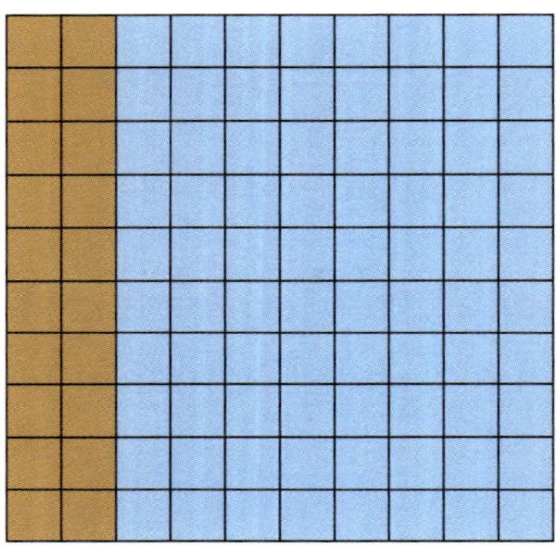

Muntanya: 20%
Platja: 80%

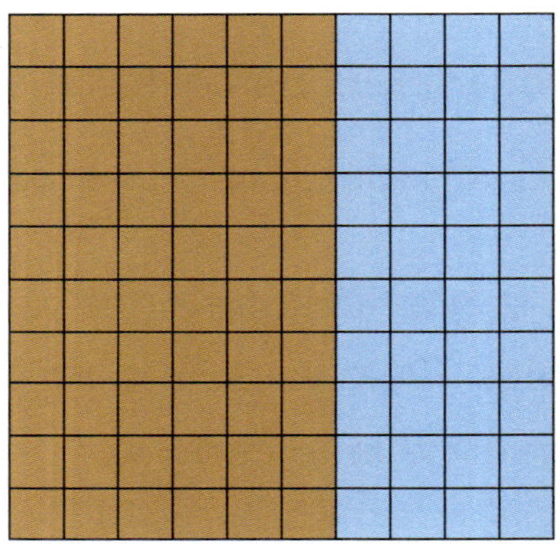

Muntanya: 60%
Platja: 40%

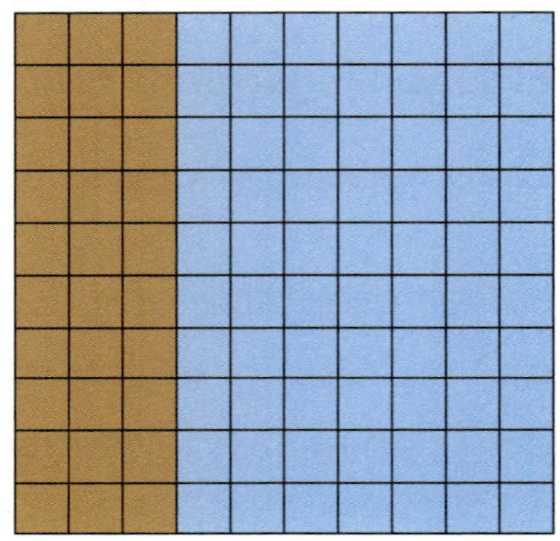

Muntanya: 30%
Platja: 70%

UNITAT 8

BARCANOVA EDITORIAL

Pàg. 156

Representació de percentatges en gràfics de sectors

L'ENQUESTA

Hem fet una enquesta als alumnes de l'escola per saber quants germans tenen, i hem obtingut aquest gràfic:

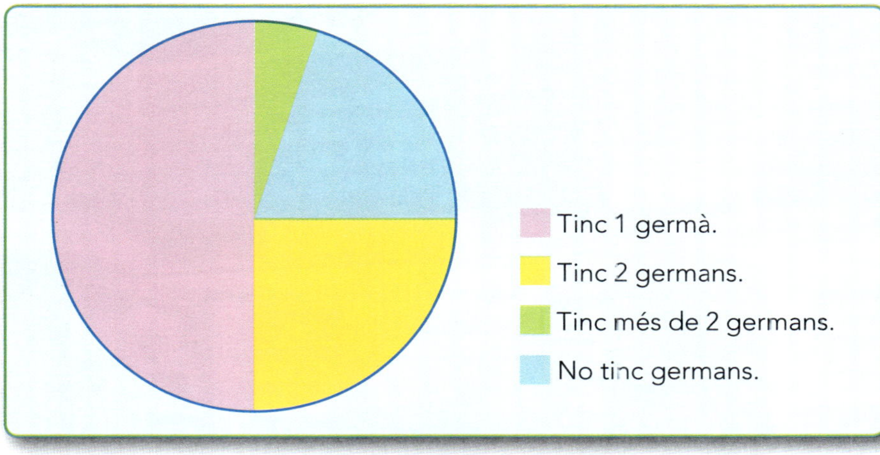

- Com es pot interpretar aquest gràfic?
- A quin color correspon cada un dels percentatges següents? **50 % 25 % 20 %**
  Com ho heu sabut?
- Quin percentatge correspon als alumnes que tenen més de 2 germans? Com l'heu trobat?
- Aquesta enquesta s'ha tornat a fer en quatre escoles diferents. Observeu les dades. Totes són correctes? Com ho justificaríeu?

A

Tinc 1 germà.	40 %
Tinc 2 germans.	20 %
Tinc més de 2 germans.	5 %
No tinc germans.	30 %

B

Tinc 1 germà.	50 %
Tinc 2 germans.	30 %
Tinc més de 2 germans.	10 %
No tinc germans.	10 %

C

Tinc 1 germà.	50 %
Tinc 2 germans.	20 %
Tinc més de 2 germans.	10 %
No tinc germans.	30 %

D

Tinc 1 germà.	40 %
Tinc 2 germans.	40 %
Tinc més de 2 germans.	0 %
No tinc germans.	20 %

Pàg. 157

Descomptes

Observeu aquesta botiga. Què significa el cartell que hi tenen?

La Carla i els seus amics hi entren a comprar:

	Compra	Preu	Descompte que s'aplica	Quant s'haurà de pagar?
Carla	Retoladors	18 €	10 %	?
Pol	Carpeta classificadora	7 €	10 %	?
Jan	*Tantrix game Pack*	34 €	25 %	?
Paula	Rummikub	40 €	25 %	?
Enzo	*Els tentacles de l'abisme*	10 €	50 %	?
Ona	*Un petó de mandarina*	9 €	50 %	?

- Què vol dir que a l'Enzo i a l'Ona se'ls aplica un 50 % de descompte?

10 € → 50 % descompte → 5 €

9 € → 50 % descompte → ?

- L'Ona i l'Enzo pagaran la meitat del preu que marquen els seus llibres?
- Quant pagarà l'Ona si li treuen aquesta quantitat del preu? I l'Enzo?
- Què observeu?

Ara fixeu-vos en la Paula.

Compra un joc que val 40 € i li apliquen un descompte del 25 %.

El $\frac{25}{100}$ de 40 és 10 €.

40 €

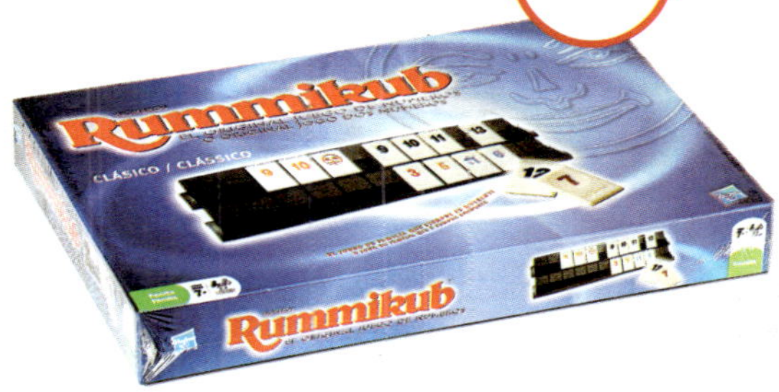

- Què vol dir això:
– Que la Paula ha de pagar 10 €?
– Que a la Paula li descompten 10 €?

Busqueu el descompte que faran a en Jan, a en Pol i a la Carla. Ajudeu-vos amb la calculadora! Quant haurà de pagar cada un d'ells?

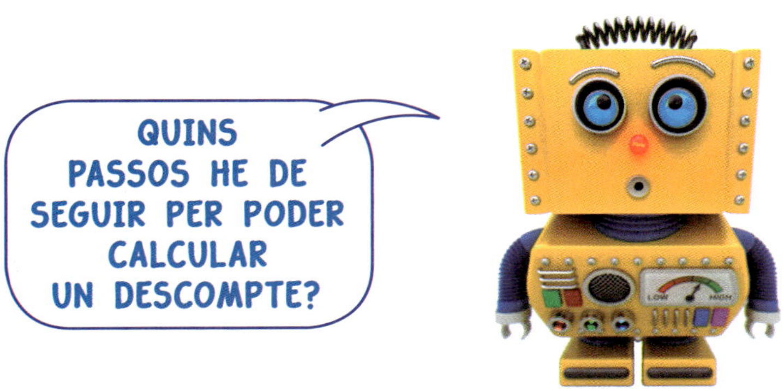

Feu descomptes de manera ràpida!

Tens 1 minut per trobar el producte que no té el descompte que ens han d'aplicar!

Descompte del 50 %

24,50 €

13 €

11 €

24,70 €

51,50 €

12,25 € | 25,75 € | 5,50 € | 12,35 €

Descompte del 25 %

21 €

36,40 €

12,24 €

14 €

21,20 €

9,10 € | 3,06 € | 5,30 € | 5,25 €

Pàg. 158

Els nombres mixtos

Dinar d'amics

15 amics han quedat per dinar. Han decidit menjar amanida, pizza i, de postres, coca de pinyons. Si cada un es menja $\frac{1}{4}$ de pizza, quantes n'han de fer?

Per saber-ho, ho representen d'aquesta manera:

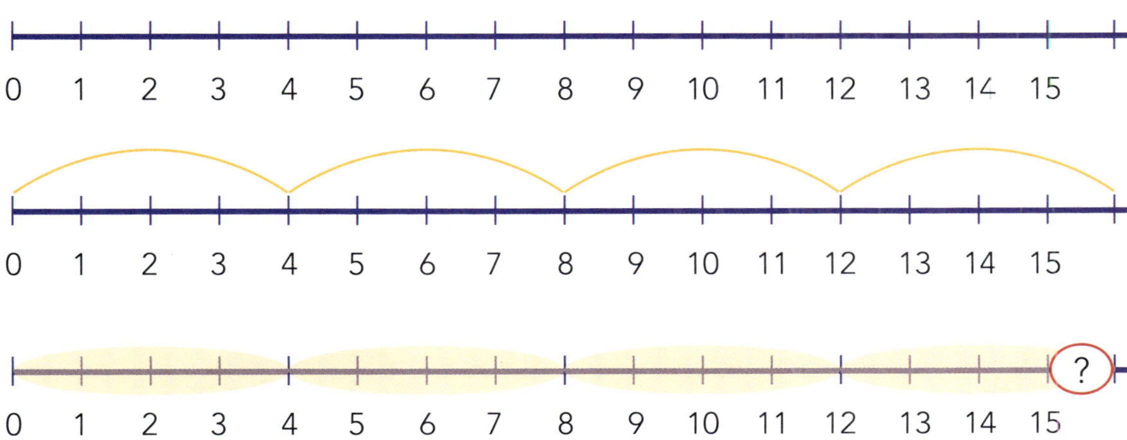

Es marquen 15 parts perquè són 15 amics.

Es fan grups de 4, perquè de cada pizza en fan 4 parts.

Què passa amb la part marcada amb un interrogant?

Han de fer 4 pizzes, perquè entre tots es menjaran $\frac{15}{4}$ de pizza. Això és el mateix que 3 pizzes i $\frac{3}{4}$. I, per tant, en sobrarà $\frac{1}{4}$.

- I si de coca se'n mengen $\frac{1}{8}$, quantes coques necessiten? Com ho podries dir d'una altra manera? Seguint l'esquema de les pizzes, sabries calcular-ho?

$3 + \frac{3}{4}$ ÉS UN **NOMBRE MIXT**. ELS NOMBRES MIXTOS ENS SERVEIXEN PER REPRESENTAR NOMBRES MÉS GRANS QUE LA UNITAT. ELS REPRESENTEM AMB UN NOMBRE NATURAL MÉS UNA FRACCIÓ:

$$\frac{15}{4} = 3 + \frac{3}{4}$$

Dimecres al matí fem taller de plàstica. Hem de preparar el material per a la pròxima classe. Som 23 alumnes.

Per fer el primer treball manual, repartirem $\frac{1}{5}$ d'una barra de plastilina a cada alumne. Quantes barres de plastilina haurem de comprar?

- Per fer fang, cada barra servirà per a 8 alumnes. Quantes barres en necessitarem?

- Per fer el tercer treball manual, cada alumne utilitzarà $\frac{1}{4}$ de full de diari. Quants fulls necessitarem? En sobrarà alguna part?

Pàg. 160

ESTRATÈGIES DE CÀLCUL

Calcular el 10 %

Si compro una jaqueta que val 100 € i està rebaixada un 10 %...

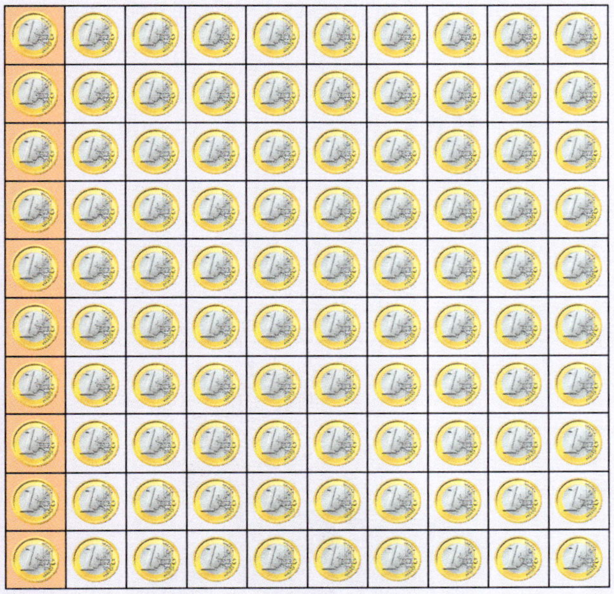

...això vol dir que, de cada 100 €, em descomptaran 10 euros.

Si compro uns pantalons que valen 50 € i estan rebaixats un 10 %...

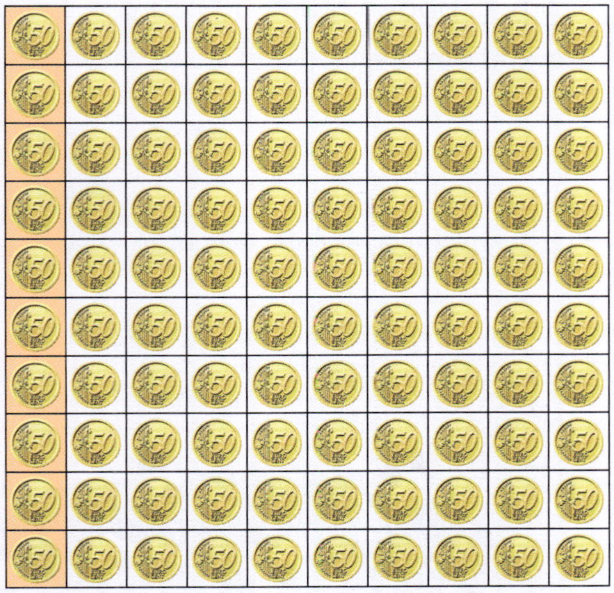

...vol dir que, en el cas dels pantalons, em descomptaran una desena part del total, que són 5 €.

- Si compro un producte per un valor de 25 € i em fan un descompte d'un 10 %... sé que em descompten una desena part. Quant em descompten?
- Ho podries explicar?

100 ⟶ 10 % ... = 10
50 ⟶ 10 % ... = 5
25 ⟶ 10 % ... = ?

Pàg. 161

Fixa't bé en les pistes!

Hi ha problemes que tenen la resposta en l'enunciat i d'altres en què l'hauràs de deduir.

- Abans que els exploradors descobrissin l'Everest, quina era la muntanya més alta de la Terra?

- Com es poden reunir 300 euros amb dos bitllets, si un d'aquests bitllets no pot ser de 200 euros?

- En Pep té un ramat de vaques; les pot munyir totes menys el 25 %. Quin percentatge no pot munyir?

- En un calaix hi ha 12 mitjons negres i 12 mitjons blancs. Estàs a les fosques. Quants mitjons has de treure, com a mínim, per assegurar-te que en tens un parell del mateix color?

Em vull comprar unes sabates que valen 100 €.
La botiguera em fa dues propostes:

Quin descompte és millor?

Et faig el 10% + 10% de descompte!

Et faig directament el 20% de descompte!

Descompte ràpid

Mira que fàcil! Si tens una calculadora, amb una sola operació trobaràs el que has de pagar!

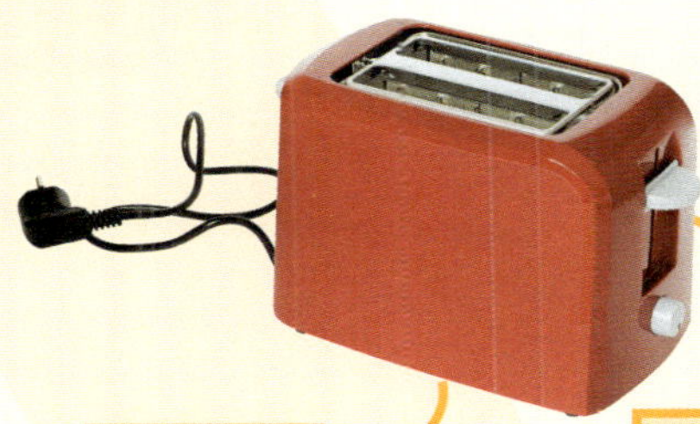

40 €

25% de descompte

Si hi ha un descompte del 25%, significa que només he de pagar el 75% del preu inicial.

Recorda: $75\% = \frac{75}{100} = 0{,}75$.

Multiplico amb la calculadora $40 \times 0{,}75$.

Comprova què passa.

EL REPTE

Fem un creuer!

Mirant internet amb la meva mare, hem valorat la possibilitat d'aprofitar aquesta oferta per a les nostres vacances d'estiu.

CREUERS PER LA MEDITERRÀNIA

PER A L'ESTIU VINENT, NOVES OFERTES, MILLORS PREUS!

JULIOL: 15 % descompte del preu total per família, en una cabina amb balcó.

AGOST: la quarta persona, al 50 % en cabina exterior i en cabina amb balcó.

Sortides: diumenges d'agost; nens fins a 8 anys, gratis!

Cabina interior 695 €/persona

Cabina exterior 780 €/persona

Cabina amb balcó 800 €/persona

✲ A casa som 4: els pares; jo, que faig 5è, i la meva germana, que ja està estudiant ESO. Quina és la millor oferta que podem escollir?

Oferta de la primera nit!
$\frac{1}{8}$ de pastís gratis per persona!

✲ Si al creuer hi ha 1.900 persones, quants pastissos hauran de tenir a punt per a la primera nit?

BARCANOVA EDITORIAL

Els percentatges (%) ens indiquen en quina part de 100 es compleix una condició.

Els percentatges equivalen a una fracció amb denominador 100.

$10\% = \frac{10}{100}$

$25\% = \frac{25}{100}$

$50\% = \frac{50}{100}$

En el nostre entorn trobem percentatges en diferents situacions.

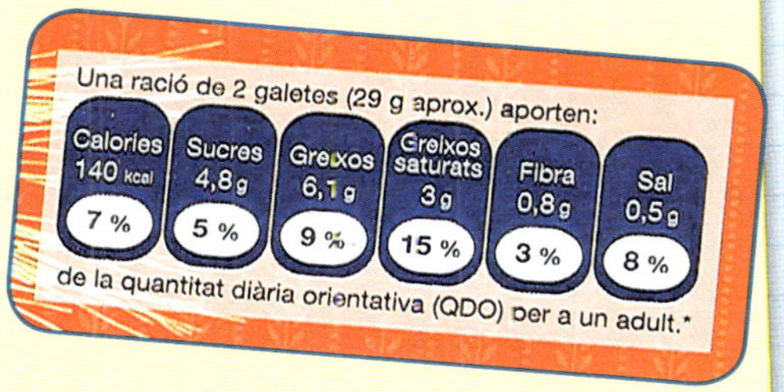

Els gràfics de sectors ens permeten representar els percentatges.

Els percentatges d'un nombre equivalen a trobar la fracció d'un nombre, però sempre amb denominador 100.

Els percentatges també es poden expressar en forma de fracció o de decimal.

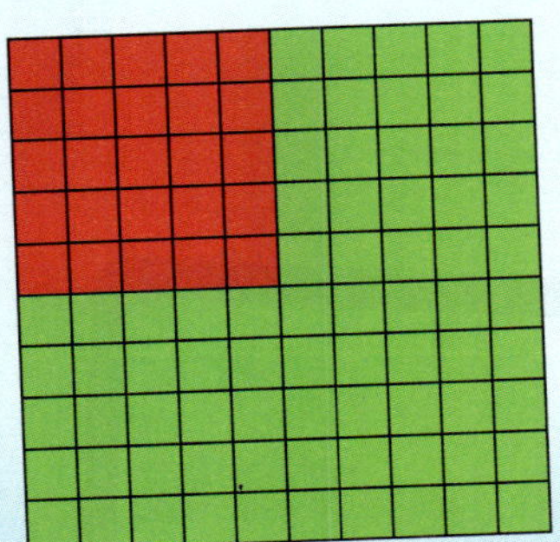

$25\% = \frac{25}{100}$ de $100 = 25$

$\frac{1}{4}$ de $100 = 100 : 4 = 25$

$100 \times 0{,}25 = 25$

Calcular el descompte d'un nombre consisteix a restar el percentatge indicat del preu inicial.

El 10% representa una desena part del total.

Hi ha fraccions més grans que la unitat. Les podem representar en forma de fracció o de nombre mixt.

7 meitats de préssec $= 3 + \frac{1}{2}$

UNITAT 8

9 Interpretem les dades

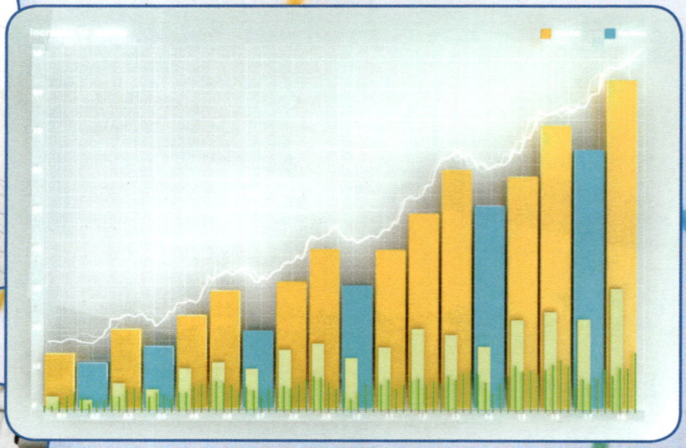

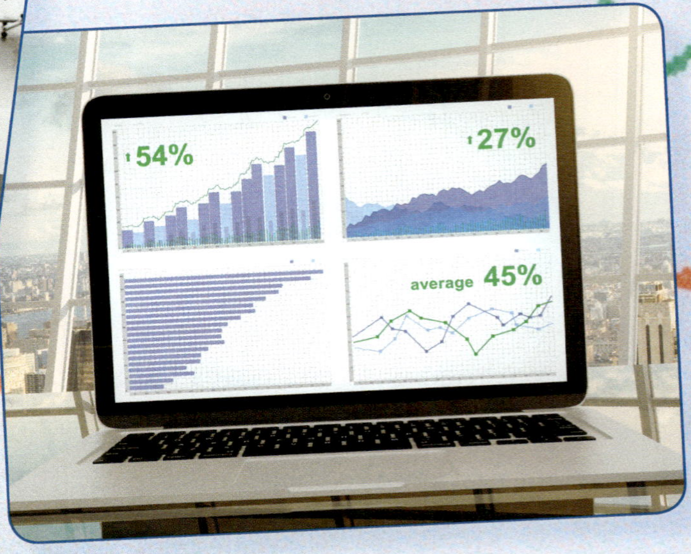

Què farem?

- Mitjana i moda.
- Interpretació de dades. Els gràfics.
- Usos de la calculadora.
- Interpretació de resultats.
- Estratègies de càlcul: la calculadora espatllada.

Pàg. 167

La mitjana

Repartim llapis.

Com ho faríeu perquè hi hagués el mateix nombre de llapis en cada estoig?

El butlletí de notes

El mestre d'Anglès comenta a la Sofia que, pel que fa a les notes, ha tret un 8 en expressió escrita i un 6 en expressió oral. Quina nota final obtindrà de mitjana?

La Valentina ha tret un 6 en el taller de dibuix i un 7 en el d'escultura. Quina nota final obtindrà en l'àrea artística d'Educació Visual i Plàstica si les dues notes fan mitjana?

Mitjana aritmètica: paràmetre estadístic que indica el valor mitjà d'un conjunt de dades. El símbol de la mitjana aritmètica d'una mostra és $\bar{X}$.
Es troba sumant totes les dades i dividint el resultat pel nombre de sumands.

La mestra de Medi dona a cada un dels seus alumnes les notes de tot el trimestre i els demana que calculin la nota final de l'avaluació. Observa què els passa a la Berta, a la Gal·la, a l'Izan i a en Jordi.

	Treball en grup	Llibreta	Actitud	Prova escrita	Nota final
Berta	6,5	7	8	7	7,13
Gal·la	5	9	10	5,75	7,44
Izan	9,5	5,75	3	10	7,06
Jordi	4	10	7	7	7

Fixeu-vos en la nota final de cada alumne.

- Com explicaríeu el fet que en Jordi i l'Izan, amb una nota suspesa, obtinguin una nota semblant a la de la Berta i la Gal·la?
- Com ho han fet per trobar la nota final?

Observeu de quina manera gràfica ho explica en Jordi:

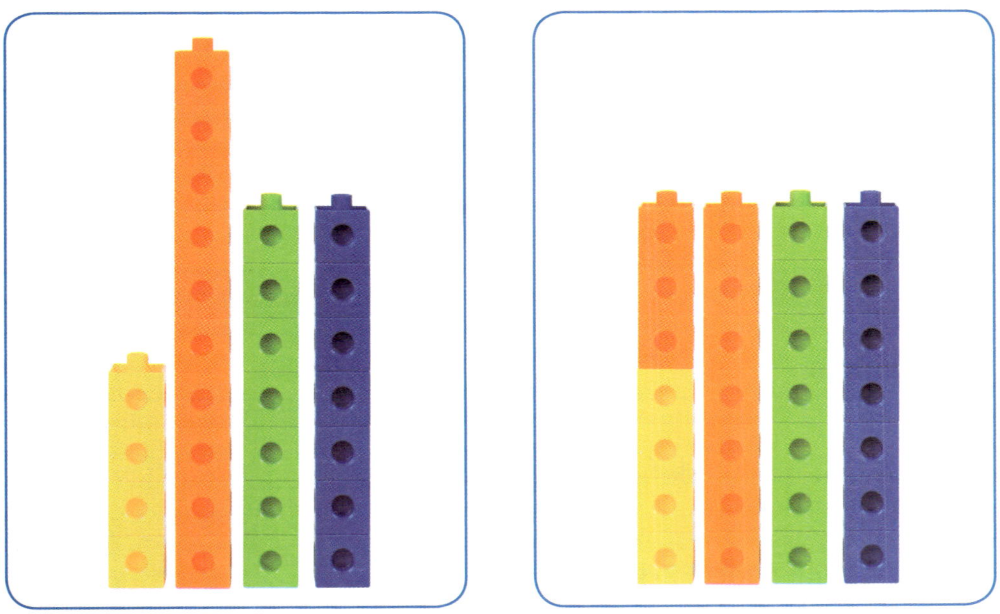

Pàg. 170

La moda

L'orla

Color dels ulls	Blaus	Verds	Marrons	Negres
Freqüència absoluta	4	5	9	6

Color dels cabells	Rossos	Castanys	Negres
Freqüència absoluta	6	11	7

Busqueu en un diccionari la definició de la paraula **moda**.

Mireu les dades de les taules i digueu quina seria la moda segons el color dels cabells i quina seria segons el color dels ulls.

- Què ens indica la freqüència absoluta?

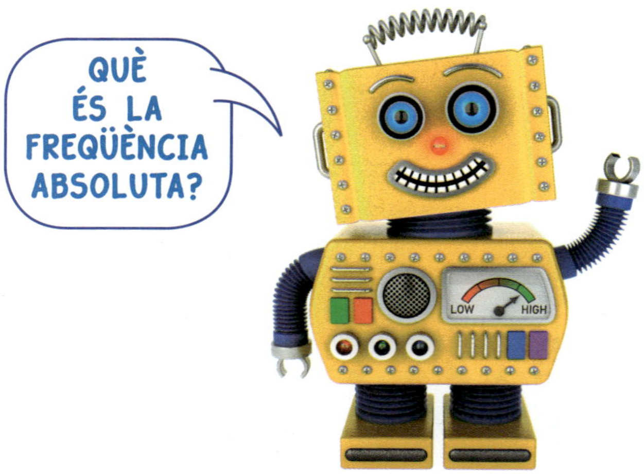

Esports

Abans d'acabar el curs han passat una enquesta als alumnes per saber quin esport els agrada més. Els resultats són els del gràfic següent:

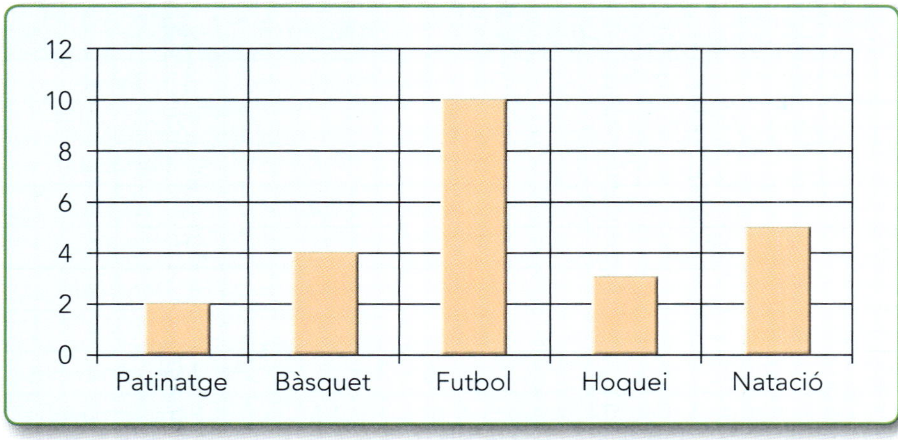

- Quina és la moda d'aquest curs?

Compareu el gràfic amb els d'altres anys.

- La moda correspon sempre al mateix esport?

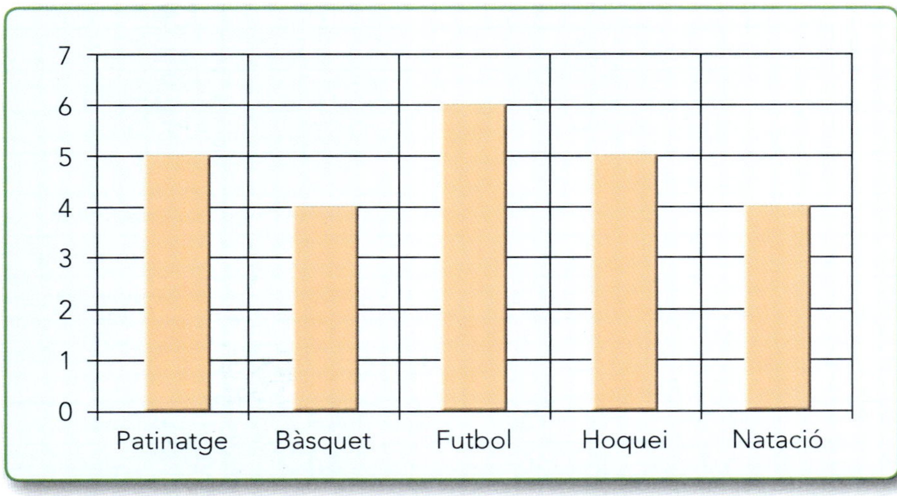

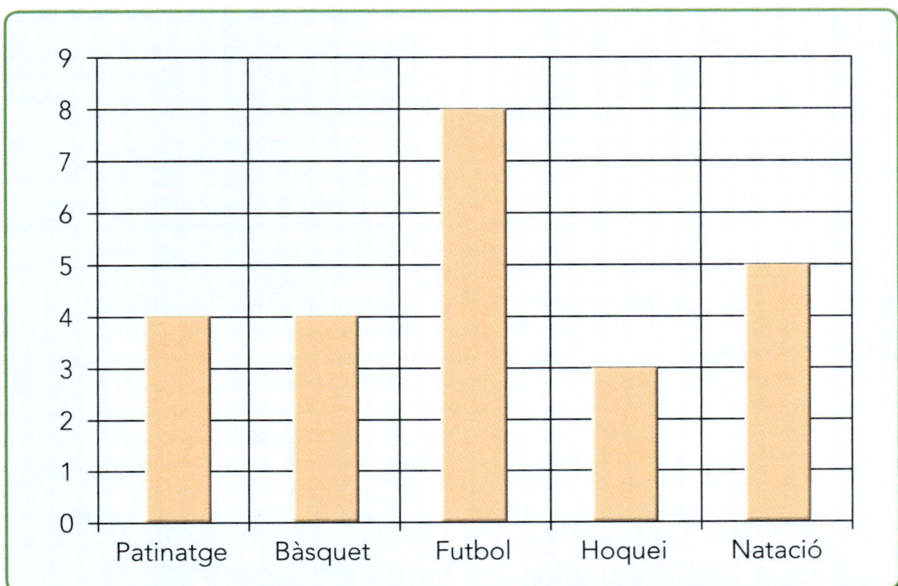

Pàg. 172

La interpretació de dades

Març	Temperatura Màxima °C	Humitat (%)	Pluja recollida (ℓ/m²)		Velocitat vent (km/h)	Estat del cel
			Zona esportiva	Plaça Major		
1	17,9	78			3,0	Tapat
2	19,6	93				Ennuvolat
3	17,0	89			1,6	Ennuvolat
4	9,5	95			3,2	Tapat
5	17,0	98	9,9		32,0	Serè
6	16,7	80				Parc. serè
7	19,9	91				Serè
8	17,3	95				Mig ennuvolat
9	18,5	90			1,6	Parc. ennuvolat
10	20,4	90				Mig ennuvolat
11	23,1	93				Ennuvolat
12	21,0	90			1,6	Parc. serè
13	16,6	90			1,6	Mig ennuvolat
14	10,2	85				Tapat
15	10,1	95	0,2	0,2	1,6	Boira
16	9,4	95	0,2		2,0	Boira
17	14,2	95				Boira
18	13,4	86			5,0	Ennuvolat
19	15,7	90				Mig ennuvolat
20	13,7	58			14,5	Ennuvolat
21	11,6	91	4,0	7,4	16,0	Tapat
22	13,6	89	16,3			Tapat
23	13,0	93	2,5	3,6	8,0	Tapat
24	10,6	89	1,0	0,8	8,0	Tapat
25	12,5	95	2,6	3,6		Tapat
26	14,2	82	0,8			Serè
27	20,5	88				Ennuvolat
28	22,6	76			3,0	Ennuvolat
29	15,3	89				Ennuvolat
30	20,4	90			6,0	Ennuvolat
31	24,4	92				Serè

Font: Ajuntament de Vic.

Observeu la taula del registre de les dades meteorològiques de Vic durant un mes de març i escolliu la resposta adequada en cada cas:

- Valor de la mitjana:
  – Temperatures màximes: **a)** entre 15 i 20 °C **b)** entre 25 i 30 °C **c)** entre 20 i 25 °C
  – Pluviositat a la zona esportiva en ℓ/m²: **a)** entre 1 i 10 **b)** entre 10 i 15 **c)** entre 20 i 30
- Moda de l'estat del cel: **a)** Boira **b)** Ennuvolat **c)** Serè **d)** Tapat

BARCANOVA EDITORIAL

Tens 1 minut!

- Relaciona cada frase amb el gràfic o la taula corresponents:

  1. La moda és l'interval de 30-34 anys.
  2. La moda és el batut de cacau.
  3. Hi ha una velocitat mitjana de 40,43 km/h.
  4. La moda és la llet.
  5. Hi ha una velocitat mitjana de 24,28 km/h.

A

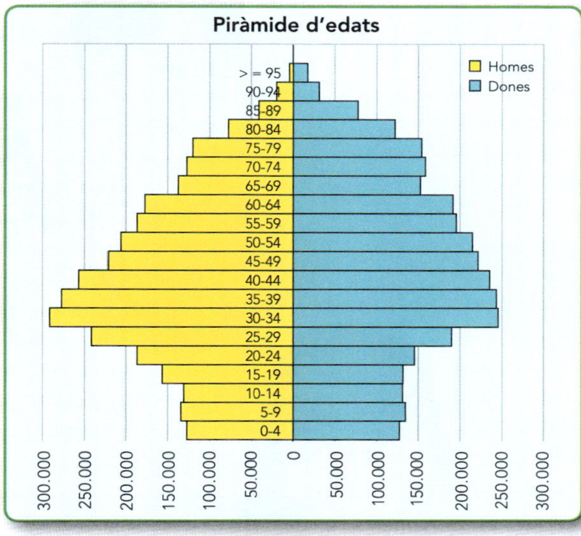

B

Què prenen per berenar els alumnes de l'escola?	
Batut de cacau	37
Suc de pinya	19
Suc de préssec	10
Iogurt	13
Suc de taronja	9
Llet	22
Total alumnes	**110**

C

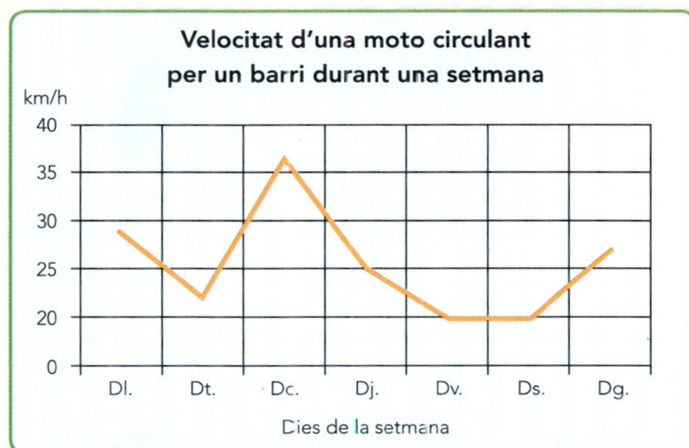

D

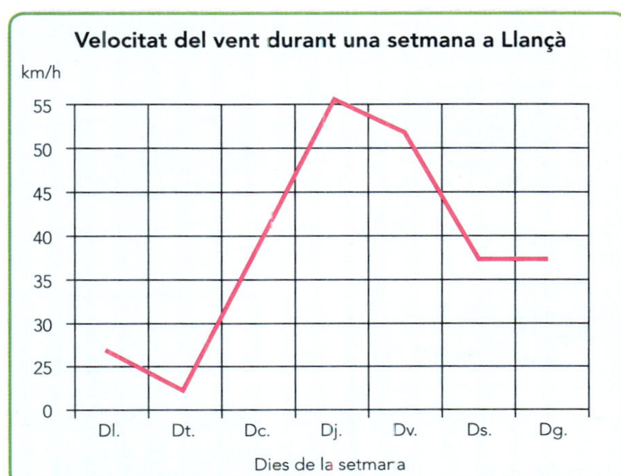

E

Què és el que compro més al supermercat?	
Llet	40
Batut de cacau	5
Pa	35
Pizzes	6
Pasta	14
Total de persones enquestades	100

Pàg. 176

La calculadora

Juguem!

Quines d'aquestes operacions us sembla que són més ràpides de resoldre mentalment que amb l'ajut de la calculadora? Parleu-ne.

6 × 8 =

450 : 90 =

8.504 : 2 =

250 × 40 =

3.718 : 11 =

639 : 3 =

254.871 : 3 =

8.688 : 24 =

34.567 × 8 =

111 × 7 =

Calculeu totes les respostes amb la calculadora:

- En una granja hi ha 900 gallines i cada una pon 4 ous diaris. Si per portar els ous al mercat els fiquen en capses de 20 oueres i en cada ouera hi cap una dotzena d'ous, quantes capses porten al mercat cada dia? Les vendran totes avui?

- Una màquina de rentar ampolles en renta 17 cada 6 minuts. Al cap d'una hora, quantes ampolles haurà rentat? Què hi ficaran a dins?

- En una oficina han fet reformes i han pagat 48.625 euros. També han comprat cinc quadres en els quals surten animals i els han costat 385 euros cada un. Quants euros han gastat en total? Quins animals hi ha en els quadres?

- La família Ribes, després d'haver-se estat una estona al parc d'atraccions, ha anat a dinar i cada un dels 6 membres ha triat un menú que valia 17,50 euros. Quants euros han pagat entre tots? Quin temps ha fet?

Pàg. 178

Interpretem els resultats

Torneig de futbol

- L'equip d'alevins del poble participa en un torneig de futbol amb motiu de la festa major del poble veí i han d'anar-hi amb cotxe. L'equip el formen 11 jugadors i 2 entrenadors, i els acompanyen 6 persones adultes. Si en cada cotxe hi caben 5 persones, quants cotxes necessiten? Tots els cotxes aniran al màxim de plens?

- Al final del torneig, l'organització regala una samarreta a cada un dels jugadors dels 8 equips participants. Si han fet 100 samarretes, quantes en tocaran per equip? Si els membres de l'organització són 7, es poden quedar una samarreta cada un com a record?

Proveu d'interpretar el resultat d'aquest segon problema.

BARCANOVA EDITORIAL

Pàg. 180

ESTRATÈGIES DE CÀLCUL

La calculadora espatllada

Les tecles de color blau d'aquesta calculadora estan espatllades. Malgrat això, es pot aconseguir que surti el nombre 33 fent operacions.

- Ara les tecles que no funcionen són unes altres. Com es pot aconseguir que, fent operacions, surti el nombre 97?

Penseu quins consells donaríeu a algú que hagi de resoldre problemes i feu una llista amb tots els consells que han sortit a la classe. De ben segur que us seran molt útils. Recordeu que ja en coneixeu uns quants:

Recull de consells que cal tenir presents a l'hora de resoldre problemes

- **És molt important llegir amb atenció l'enunciat d'un problema i tenir clar quina és la pregunta. De vegades, l'enunciat mateix ens dona la resposta.**
- **Quan ens donen informació, cal tenir en compte si les unitats donades corresponen a les unitats amb les quals hem de fer els càlculs o bé si hem de fer algun canvi d'unitat.**
- **Cal llegir bé l'enunciat. Hi ha problemes que es poden resoldre sense fer operacions.**
- **A vegades no es necessiten totes les dades que hi ha en un problema per trobar-ne la solució. Cal saber prescindir de les dades sobreres.**
- **Les dades que ens donen informació es poden simplificar, agrupant-les o bé convertint-les en altres unitats.**

QUINS CONSELLS PODRIA DONAR A ALGÚ QUE HAGI DE RESOLDRE PROBLEMES?

Nombres capicua

Un nombre capicua és aquell que es pot llegir tant d'esquerra a dreta com de dreta a esquerra i no canvia:

5445 · 8778 · 33 · 1001 · 2442

9898989 · 616 · 9559 · 777 · 909

Sumem nombres capicua!

676 + 212 = 888	595 + 262 = 857
7.887 + 2.112 = 9.999	676 + 424 = 1.100
151 + 727 = 878	8.558 + 3.883 = 12.441
3.773 + 2.002 = 5.775	4.334 + 9.119 = 13.453

Plantegeu una operació per a la columna de l'esquerra i una per a la de la dreta.

EL REPTE

Usuaris de la deixalleria mòbil del Vallès Oriental durant un any

Caldes de Montbui	632	Sant Fost de Campsentelles	148
les Franqueses del Vallès	548	Sant Pere de Vilamajor	8
Martorelles	90	Tagamanent	27
Montmeló	58	Vallgorguina	77
Montornès del Vallès	3.318	Vallromanes	143
Parets del Vallès	522	Vilanova del Vallès	68
		Total	**5.639**

Recollida de residus a les deixalleries del Vallès Oriental durant un any

	Ferralla	Fusta	Paper	Poda	Envasos de vidre	Ampolles de cava	Piles	Oli vegetal
l'Ametlla del Vallès	3,29	90,66	31,96	55,58	2,87	0,64	0,61	3,00
Bigues i Riells	8,01	95,13	36,60	257,60	3,71	1,29	0,31	1,77
Caldes de Montbui	29,05	281,74	54,36	110,66	2,86	1,10	0,63	4,04
Canovelles	1,02	47,14	10,68	14,26	1,59	0,00	0,18	1,19
Cardedeu	21,10	157,60	43,26	101,66	3,22	2,19	0,70	5,17
les Franqueses del Vallès	4,51	214,87	28,23	131,89	2,39	0,73	0,18	1,10
la Garriga	2,31	132,80	37,05	98,26	4,52	2,10	1,00	5,77
Granollers	26,54	328,51	66,38	82,56	3,07	0,82	0,90	7,48
Granollers Sud	10,99	466,84	25,46	21,10	1,09	0,82	0,77	7,49
la Llagosta	9,55	180,34	19,21	7,19	0,38	0,00	0,00	1,48
Lliçà d'Amunt	5,03	117,72	23,36	183,74	2,83	0,46	0,19	3,15
Lliçà de Vall	6,96	85,14	4,90	150,24	1,43	0,00	0,29	1,55
Llinars del Vallès	10,41	213,76	48,01	331,14	3,02	1,19	0,93	1,78
Martorelles	21,34	242,32	43,72	265,82	2,59	1,28	0,63	2,52
Mollet del Vallès	60,91	667,54	114,95	338,39	3,06	0,46	0,44	2,93
Montmeló	14,64	111,50	11,60	31,18	1,58	0,73	0,37	2,53
Montornès del Vallès	0,00	236,66	27,82	292,25	2,22	0,00	0,64	1,96
Parets del Vallès	25,46	220,62	39,24	92,76	2,50	1,74	0,35	2,93
la Roca del Vallès	4,57	81,96	24,62	61,98	2,87	0,00	0,12	2,39
Sant Antoni de Vilamajor	5,28	116,74	26,11	188,18	3,40	1,54	0,57	3,21
Sant Celoni	8,77	103,52	26,02	31,30	3,47	1,37	0,25	2,73
Sant Feliu de Codines	19,44	74,34	24,48	42,34	3,65	0,46	0,33	1,22
Santa Eulàlia de Ronçana	5,79	133,67	40,50	383,26	7,95	1,56	0,43	1,98
Santa Maria de Palautordera	30,93	118,18	2,55	63,74	2,74	1,28	0,52	3,81
TOTAL	**335,90**	**4.519,30**	**811,07**	**3.337,08**	**69,01**	**21,76**	**11,34**	**73,18**

Font: Servei comarcal de deixalleries.

- Quina mitjana d'usuaris ha fet ús de la deixalleria mòbil cada mes?
- Si un terç de la poda recollida es destina a fer compost pels jardins urbans, quants quilos s'hi destinen en un any? Primer feu un càlcul aproximat i després feu-ne la comprovació.
- Penseu en 5 objectes que es poden trobar en una deixalleria i relacioneu-los, per la forma, amb algun tipus de poliedre.
- Ordeneu els municipis de la taula segons l'aportació d'ampolles de cava, de més a menys quantitat.

La mitjana és un paràmetre estadístic que indica el punt mitjà d'una sèrie de valors.

	Treball en grup	Llibreta	Actitud	Prova escrita	Nota final
Berta	6,5	7	8	7	7,13
Gal·la	5	9	10	5,75	7,44
Izan	9,5	5,75	3	10	7,06
Jordi	4	10	7	7	7

La moda és el paràmetre estadístic que ens indica la dada amb una freqüència absoluta més gran.

Color dels cabells	Rossos	Castanys	Negres
Freqüència absoluta	6	11	7

Color dels ulls	Blaus	Verds	Marrons	Negres
Freqüència absoluta	4	5	9	6

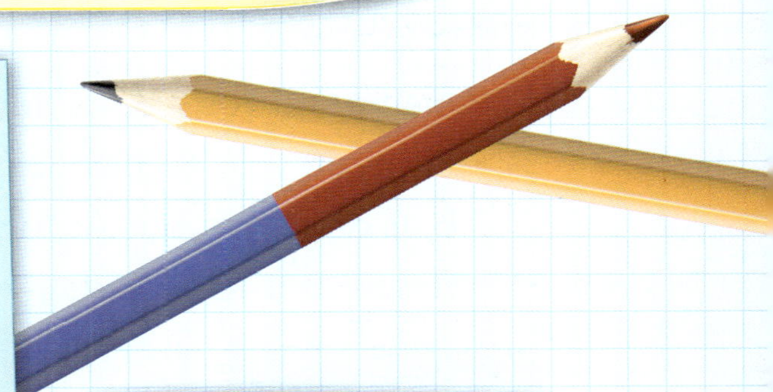

La mitjana i la moda es poden representar amb gràfics.

Els gràfics ens donen informació i ens ajuden a representar i a interpretar tot tipus de dades.

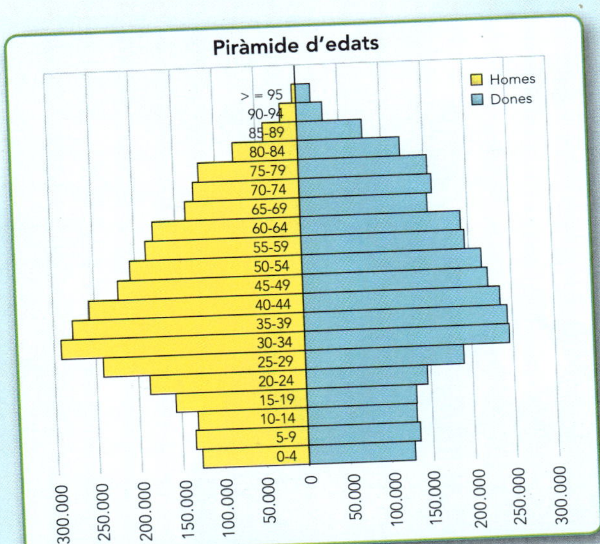

La calculadora es pot fer servir de diverses maneres.

DES D'ON MIREM L'ESCOLA?

1. Formeu grups de quatre o cinc alumnes per fer un treball cooperatiu. Haureu d'elaborar un joc amb fotos de **diferents vistes de l'escola** per tal que un altre grup les identifiqui.

2. **Material per grup**
   - Una càmera fotogràfica
   - Un plànol de l'escola
   - Retoladors
   - Un ordinador
   - Cartolines i fulls

3. **Procediment**
   - Plantegeu-vos què cal fer, quan i com.
   - Repartiu-vos les tasques i feu-vos responsables de la part que us toqui.
   - Respecteu-vos i ajudeu-vos quan calgui.

BARCANOVA EDITORIAL

PETITS CONSELLS

- Distribuïu-vos, cada grup, en un punt diferent de l'escola.
- El grup 1 prepara l'activitat del grup 2, el grup 2 la prepara per al grup 3 i així successivament.
- Feu servir el plànol de l'escola.
- Penseu a elaborar les instruccions del joc.

4. Elaboreu un gràfic que reflecteixi l'opinió de cada membre del grup i l'opinió de la mitjana del grup. Poseu en comú aquesta informació i elaboreu un únic gràfic amb les mitjanes; així podreu saber quin és el joc més ben valorat.

BARCANOVA EDITORIAL

UNITAT	BLOC DE CONTINGUTS	DIMENSIÓ RESOLUCIÓ DE PROBLEMES	DIMENSIÓ RAONAMENT I PROVA	DIMENSIÓ CONNEXIONS	DIMENSIÓ COMUNICACIÓ I REPRESENTACIÓ
Unitat 1. Mesurem el temps	Numeració i càlcul	• Multiplicació i divisió amb nombres seguits de 0.	• La multiplicació i la divisió.	• Sumes i restes amb les unitats de temps. • Nombres de fins a 9 xifres.	• Reconeixement dels nombres romans.
	Relacions i canvi		• Operacions combinades.		
	Mesura			• Selecció i ús de les unitats de temps (el rellotge, el temps meteorològic i el temps històric).	
	Estadística i atzar				• Lectura i interpretació de gràfics de barres.
Unitat 2. És més o menys probable?	Numeració i càlcul	• Percentatge: el 50 %. • Càlcul de meitats. • Estimació de resultats.	• Regularitats de nombres decimals i fraccions. • Càlcul de la fracció d'un nombre.	• Fraccions equivalents. • Ordenació de fraccions i decimals.	• Representació de la fracció.
	Relacions i canvi			• Interpretació de la fracció d'un nombre. • Relació entre fraccions. • Relació entre el 50 % i la meitat.	
	Estadística i atzar	• Utilització d'estratègies de resolució.	• Probabilitat.	• Recollida i comptatge de dades.	• Atzar. • Lectura i interpretació de gràfics.
Unitat 3. Vivim entre línies	Numeració i càlcul	• Multiplicació i divisió per 5.			
	Espai i forma	• Estratègies de resolució: representacions.	• Tipus de rectes: paral·leles i secants.	• Representació dels girs. • Composició de figures simètriques.	• Característiques de la mediatriu i de la bisectriu. • Recta, semirecta i segment. • Angles: elements i característiques.
	Mesura		• Ús de les eines de representació de les rectes. • Utilització del transportador d'angles.	• Unitat de mesura: els graus.	
	Estadística i atzar	• Interpretació de dades.		• Recollida de dades.	
TREBALL COOPERATIU: Les matemàtiques arreu del món	• Investigació de la multiplicació. Diferents algorismes.				

UNITAT	BLOC DE CONTINGUTS	DIMENSIÓ RESOLUCIÓ DE PROBLEMES	DIMENSIÓ RAONAMENT I PROVA	DIMENSIÓ CONNEXIONS	DIMENSIÓ COMUNICACIÓ I REPRESENTACIÓ
Unitat 4. Mesurem a ull o amb precisió	Numeració i càlcul	• Estratègies de càlcul: multiplicació per 0,5 i 0,25. • Arrodoniment dels nombres.	• Situació de nombres en la recta numèrica. • Suma i resta de nombres decimals.	• Reconeixement de nombres més petits que la unitat. • Ordenació de dècimes, centèsimes i mil·lèsimes.	• Representació gràfica dels nombres decimals.
	Relacions i canvi		• Recerca i identificació d'equivalències.	• Relacions entre mesures antropomètriques. • Relació entre fraccions i nombres decimals.	• Elaboració i interpretació de gràfics.
	Mesura	• Estratègies de resolució: unitats de mesura.	• Les unitats de mesura i les seves relacions.	• Unitats de longitud, massa i capacitat (m, kg, l...).	
Unitat 5. Les formes en el món	Numeració i càlcul	• Estratègies de càlcul: multiplicació per 11.			
	Espai i forma		• Classificació de polígons. • Identificar patrons.	• Composicions i transformacions geomètriques. • Característiques dels polígons. • Utilització de diverses eines per dibuixar polígons. • Composició de mosaics.	• Creació i elaboració d'esquemes. • Relació i interpretació de dades. • Ús del vocabulari específic.
	Mesura		• Deducció de les mesures dels angles de triangles i quadrilàters.		
Unitat 6. El lloc que ocupem	Numeració i càlcul	• Estratègies de càlcul: multiplicació per la desena +1.		• Multiplicació d'un nombre enter per un nombre decimal.	• Representació geomètrica dels nombres.
	Relacions i canvi		• Regularitats en els nombres. • Cerca de patrons.		• Representacions gràfiques de dades. • Taules de doble entrada.
	Espai i forma	• Utilització d'estratègies de resolució.			• Representació de l'espai: plànols i mapes.
	Mesura	• Generalització del càlcul de l'àrea del quadrat, del rectangle i del triangle.		• Ús de les escales en plànols i mapes. • Càlcul del perímetre i l'àrea.	
TREBALL COOPERATIU: L'exposició matemàtica	• Treball sobre la composició de polígons.				

BARCANOVA EDITORIAL

CONTINGUTS DE L'ÀREA

UNITAT	BLOC DE CONTINGUTS	DIMENSIÓ RESOLUCIÓ DE PROBLEMES	DIMENSIÓ RAONAMENT I PROVA	DIMENSIÓ CONNEXIONS	DIMENSIÓ COMUNICACIÓ I REPRESENTACIÓ
Unitat 7. Tres dimensions (3D)	Numeració i càlcul	• Estratègies de càlcul: multiplicació per 9, 99 i 999.	• Regularitat entre els nombres.		
	Relacions i canvi	• Utilització d'estratègies de resolució.	• Regularitat en els poliedres.		• Ús de taules de doble entrada: registre i interpretació.
	Espai i forma		• Característiques dels cossos perfectes.	• Poliedres: classificació i desplegaments. • Construcció de poliedres. • Vistes: alçat, planta i perfil.	
Unitat 8. Els percentatges	Numeració i càlcul	• Estratègies de càlcul: 10 %.	• Representació de fraccions sobre la recta numèrica.	• Càlcul del percentatge d'un nombre. • Càlcul: 10 %, 25 % , 50 % i descomptes. • Fraccions més grans que la unitat: nombre mixt.	• Representació gràfica del percentatge.
	Relacions i canvi	• Utilització d'estratègies de resolució.	• Relació entre fracció, percentatge i decimal.		• Representació de les relacions entre els nombres.
	Estadística i atzar				• Representació i descripció de gràfics de sectors.
Unitat 9. Interpretem les dades	Numeració i càlcul	• La calculadora: ús i pràctica.	• Nombres especials: nombres capicua.	• Operacions amb els nombres. • Càlcul de la mitjana aritmètica.	• Elaboració i interpretació de gràfics de barres i gràfics lineals.
	Estadística i atzar	• Utilització d'estratègies de resolució.			• Interpretació de dades: mitjana i moda. • Registre de dades.
TREBALL COOPERATIU: Des d'on mirem l'escola?	• Treball sobre la posició a l'espai: vistes.				